NOUVEAU TRAITÉ

SUR

LA CONSTRUCTION

ET

INVENTION

Des nouveaux Baromètres, Thermomètres
Hygromètres, Aréomètres et autres dé
couvertes de Physique expérimentale.

L'Auteur vient d'inventer la Balance
Hydrostatique universelle , servant aussi
à connoître l'alliage de tous les métaux ;
il offre d'en fournir dans les prix de
150 à 1,200 francs.

NOUVEAU TRAITÉ

SUR

LA CONSTRUCTION

ET

INVENTION

Des nouveaux Baromètres, Thermomètres, Hygromètres, Aréomètres et autres découvertes de Physique expérimentale;

PAR ASSIER-PERRICAT, père,

Ingénieur, breveté pour la construction des instrumens de physique expérimentale,

SUIVI des observations météorologiques faites sur les montagnes par divers Savans et par l'Auteur lui-même; avec des tables de comparaison.

Prix 2 francs 50 centimes.

A PARIS,

Chez { L'Auteur,

Veuve TILLIARD et FILS, Libraires, rue Pavée Saint-André-des-Arcs, n°. 17.

AN X. = 1802.

AUX AMATEURS

DES SCIENCES

ET DES ARTS.

Sur les inventions et découvertes de physique, faites par ASSIER PERRICAT, *père, qui ont été exposées dans le Portique de la Cour du Louvre, n°. 98, par ordre du Gouvernement, pendant les cinq jours complémentaires de l'An neuf.*

Sa Collection est de 12 Machines nouvelles.

ASSIER PERRICAT, père, ingénieur en instrumens de physique en verre, et bréveté du ci-devant Roi Louis XVI, prévient les amateurs des sciences et des arts, qu'il fait imprimer un second Ouvrage qui a pour titre : *Inventions et Découvertes par lui faites,* qui sont le

fruit d'environ cinquante années de travail dans la partie de la construction de
toutes sortes d'instrumens de physique
en verre. Les connaissances qu'il a
acquises sont très-étendues, à raison de
ce qu'il a professé son art dès sa plus
tendre jeunesse.

Jaloux de contribuer à l'accroisse-
ment des sciences dans sa patrie, il
désire faire connoître d'une manière
claire, précise et démonstrative, dans
son ouvrage, par les planches qui y sont
gravées, toutes les expériences qui l'ont
conduit à ses découvertes, dont il a
fait hommage dans le tems à l'Académie Royale des sciences et à la Société
Royale de médecine, et autres Sociétés,
ce qui lui a valu de leurs parts des rapports sur lesquels il a obtenu toutes les
approbations dont il est porteur, et qui
seront relatées dans son ouvrage.

Son but (s'il est assez heureux pour
mériter le suffrage du public) est de
mettre ceux qui le liront à portée de

s'instruire eux-mêmes dans cette partie, et leur donner des connoissances nécessaires pour construire ou faire construire ces mêmes instrumens, en apprécier la valeur et l'utilité, chose bien essentielle aux curieux et amateurs des arts. L'Auteur se flatte que, tant par les planches gravées avec soin et exactitude, que son traité renferme, que par les raisonnemens aussi simples que justes, son ouvrage sera à la portée de tout le monde, et principalement de la classe aussi nombreuse qu'utile des commerçans qui ne peuvent s'en passer; ce qui renferme trois classes principales de commerce, savoir : les eaux - de - vie, esprits-de-vin et liqueurs de toutes espèces, par le moyen du nouveau pèse-liqueur universel de son invention, dont on ne s'est pas encore servi dans le commerce, et par les tables de graduation qui sont renfermées dans son ouvrage, à l'effet de faire connoître la vraie densité des esprits-de-vin et eaux-de-vie, et leur vraie température. Par ce nouveau moyen, le vendeur ni l'acheteur ne seront pas trompés.

Son ouvrage s'étend aussi sur la fabrication des salpêtres. Les expériences réitérées qu'il a faites sur cette partie, lui ont également valu des rapports avantageux qui lui ont mérité les approbations du gouvernement, qui sont aussi insérées dans son ouvrage, avec une table de graduation.

La troisième partie servira aux Amateurs pour faire connoître les baromètres et thermomètres portés à leur dernier point de perfection, et leur indiquera les moyens de s'assurer du vrai poid de l'air qui nous environne. Ces instrumens préviennent les vrais changemens de tems et les degrés de température de chaud et de froid.

Il est aussi l'auteur d'un nouveau thermomètre pour les bains, approuvé par la Société de Médecine et autres Sociétés savantes.

OBSERVATIONS

OBSERVATIONS

SUR LES

BAROMÈTRES,

ET autres instrumens de physique ex-
périmentale, et découvertes faites par
ASSIER -PERRICAT, *père, ingénieur,*
ci-devant breveté par le roi, membre
de la société libre du Point Central
des arts et métiers; de celles des In-
ventions, Découvertes et Perfection-
nemens; de la société d'Encourage-
ment pour l'Industrie Nationale, etc.

LE Baromètre simple a toujours été le
meilleur pour faire des observations météorologiques, et nous en donnerons la construction ci-après.

Observations sur le Baromètre pour me-
surer la hauteur des montagnes, et con-
naître la pesanteur et la légèreté de l'air.

Une des plus célèbres expériences fut celle
qu'on fit au mois de septembre 1648, sur une
montagne d'Auvergne, nommée le Puy de

A

Dôme, au pied de laquelle est la ville de Cler-
mont; l'on choisit pour cela le jardin des
Minimes comme le lieu le plus bas de la
ville. L'on prit deux tuyaux, ou tubes de
verre d'égale grosseur, et longs chacun de
4 pieds. Ces tuyaux étant scellés hermétiquement par un bout, c'est-à-dire bouchés à
la lampe, on les remplit de vif-argent ou
mercure, et on fit l'expérience du vide; le
vif-argent se trouva dans l'un et l'autre de
ces tuyaux, à 26 pouces 3 lignes et demie
de haut; ayant trouvé plusieurs fois la même
hauteur, on laissa un de ces tuyaux en expérience dans ce jardin, pour voir s'il n'y
arriveroit point de changement pendant qu'on
iroit faire la même opération en haut de la
montagne, élevée au-dessus de ce jardin
d'environ 5oo toises; ayant en cet endroit
rempli ce tuyau de vif-argent et fait le vide
comme on a fait dans le jardin, il ne resta
de vif-argent, dans le tuyau que la hauteur
de 23 pouces 2 lignes; ainsi l'on trouva 3
pouces 1 ligne et demie de différence. Cette
expérience ayant été réitérée plusieurs fois,
a toujours succédé de même, comme il est
marqué dans le traité de l'équilibre des liqueurs et de la pesanteur de l'air.

Dans les différentes expériences qu'on a
ensuite faites, on a toujours trouvé de la différence à la hauteur du vif-argent dans le
tuyau à proportion de la différence de hauteur des lieux où elles se faisoient; ainsi, on

a trouvé par expérience que dans les lieux fort bas, les 7 premières toises en remontant donnoient de différence en la hauteur du vif-argent une demi-ligne, et qu'environ 27 toises donnoient 2 lignes et demie, et qu'environ 150 toises donnoient 15 lignes et demie, qui font un pouce 3 lignes et demie, et qu'environ 500 toises donnoient 37 lignes et demie de différence, qui font 3 pouces 1 ligne et demie. Il est aisé de justifier ce calcul par deux ou trois expériences faciles à faire; par exemple: faites la première au pied de quelque haute tour, qu'on la réitère au milieu de la tour, et qu'on la fasse encore au sommet, on trouvera la preuve de ce que j'avance.

Par différentes expériences que j'ai faites sur mon nouveau Baromètre que j'ai inventé en l'année 1771, et approuvé, la même année, à l'académie, j'ai trouvé qu'on peut, par la perfection de cette machine, connoître et même prévoir les changemens de l'air, quelque tems avant qu'ils arrivent, particulièrement ensuite d'une longue sérénité.

On pourroit même assurer que cette machine seroit beaucoup plus sure dans des lieux qui sont presque toujours sereins et clairs, comme certains pays méridionaux, où il arrive beaucoup moins de changemens que dans les septentrionaux.

On a vu, par la même expérience, que l'élévation et la chûte du vif-argent dans le baromètre, est causée par le mouvement de l'air et des vents.

Je n'entreprendrai point de parler ici de la cause et de l'origine des vents ; cette matière méritant un traité particulier. Je dirai seulement, en passant, qu'on la doit attribuer à l'effet des rayons du soleil, qui causent tous ces mouvemens et ces changemens qui arrivent à l'air.

J'avertis que, lorsque dans la suite, je me servirai du mot de vent dans les préceptes que je donnerai pour l'observation du baromètre, on entend signifier par ce mot, que le mouvement qui arrive à l'air, quoique dans l'étroite signification, le mot de vent signifie l'air même agité.

J'avance comme un fait indubitable qui n'a pas besoin de preuve, que les changemens des vents, principalement de ceux de zones tempérées, c'est-à-dire, les changemens de l'air, sont la principale cause de ceux qui arrivent au baromètre, et que ces changemens sont plus fréquens et plus sensibles dans certains tems et dans certains lieux, que dans d'autres.

Je pose pour seconde cause de l'élévation et de la chûte du mercure ou vif-argent dans le baromètre, l'élévation et la précipitation des vapeurs, dont l'air, qui est proche de la terre, est rempli, lesquelles étant quelquefois plus ou moins pressées, sont plus ou moins pesantes ; mais il est aisé de comprendre que cette compression dépend entièrement de la première cause qui est le mouvement de l'air.

Personne ne doute que l'air ne soit un corps fluide, qui peut, de même que la mer, être agité en divers sens. L'on sait aussi qu'il arrive dans des tems, que la mer s'élève quelquefois beaucoup au-dessus de son niveau, lorsqu'elle est poussée par deux grands vents contraires, et que d'autres fois elle descend plus bas que le niveau, lorsque ces mêmes vents qui l'avoient agitée, ont cessé.

Il est aisé de concevoir que la même chose arrive à l'air qui peut être, ou abaissé, c'est-à-dire, comprimé, ou élevé, c'est-à-dire, dilaté par de pareilles agitations : or, il est certain que lorsque l'air est abaissé ou comprimé, il fait monter le vif-argent dans le Baromètre, et qu'il le laisse descendre, lorsqu'il est élevé ou dilaté.

Quoiqu'on ne puisse pas donner des règles certaines des tems où arrivent ces flux et ces reflux de l'air, on les peut néanmoins prévoir quelque tems avant qu'ils arrivent ; les vents, c'est-à-dire, l'agitation qui les cause, ne viennent pas si subitement, qu'il n'ayent commencé à faire une première impression sur les corps aériens, qui se trouvent dans le chemin où ils doivent passer. Cette première impression, qui se communique successivement à ces corps aériens, ne manque pas d'être marquée par le mouvement du Baromètre ; ainsi en l'observant exactement, on

A 3

peut prévoir ce changement quelque espace de tems avant qu'il arrive.

Voici quelques règles générales pour l'observation du Baromètre simple, qu'on pourra aisément appliquer au Baromètre double, ayant égard à la différence du chemin que font ces deux instrumens, et que le Baromètre double monte lorsque le simple descend.

Nous supposons d'abord, sans déterminer le lieu où se fait l'observation, que la superficie du mercure ou vif-argent est dans le tuyau du Baromètre, à vingt-sept pouces un quart, mesure de Paris, et que là il marque un tems douteux, entre le beau et le vilain.

Il est certain que, lorsqu'il montera au-dessus des vingt-sept pouces et un quart, il marquera le beau tems, et plus il montera haut, plus le tems sera serein, calme et confirmé au beau, et ne changera pas que le vif-argent n'ait descendu au-dessous de vingt-sept pouces et un quart.

S'il descend lentement, et peu à peu, le mauvais tems viendra lentement et par degré; mais s'il descend subitement, le tems changera tout-à-coup du beau au vilain.

Lorsque le vif-argent descend fort bas dans le Baromètre, il marque de grands vents et de grands orages, qui ne finissent point que le vif-argent ne soit remonté. Cela ne veut pas dire que le vent doit souffler continuellement de même force, car il peut bien y avoir quelques intervalles où il ne souffle pas si fort, et où l'orage semble appaisé; mais il recommence peu après, et ne cesse point entièrement que le vif-argent n'ait au moins un peu remonté.

On observera qu'en été les changemens n'arrivent pas si subitement qu'en hiver, et qu'on peut les prévoir ordinairement un jour, et même quelquefois deux, avant qu'ils arrivent, au lieu qu'en hiver, à peine les peut-on quelquefois prévoir d'un demi jour.

L'on peut remarquer qu'aux équinoxes, le tems est fort variable, et qu'alors il est difficile de bien prévoir ce qui doit arriver, le Baromètre ne marquant souvent le changement que peu de tems avant qu'il arrive.

On joint ici à ces règles générales, quelques régles particulières prises des observations que l'on a faites en divers endroits, sur les Baromètres et les vents.

Si après qu'un vent de sud ou de sud-ouest, a soufflé pendant quelque tems, il s'élève un vent du nord ou de nord-ouest, ce vent comprime l'air, le rend plus pesant, et fait par-conséquent monter le vif-argent dans le Baromètre quelquefois jusqu'à huit lignes, et alors il fait, pour l'ordinaire, beau tems et serein.

Mais si à un vent d'ouest ou d'ouest-nord-est, il succède un vent de sud ou de sud-ouest, alors le vif-argent descend, et marque qu'il doit pleuvoir. Il peut néanmoins quelquefois arriver que le sud et le sud-ouest, ayant poussé beaucoup d'air et de nuées vers le côté du nord et du nord-est, il se fait un reflux d'air, causé par le vent du nord ou du nord-est, qui, ramenant les nuées du côté d'où elles étoient venues, les presse et cause une pluie continuelle pendant un jour, et quelquefois plus, suivant la quantité de nuées qui se trouvent assemblées, quoique le baromètre soit remonté.

Lorsque le vent du nord ou nord-est continue longtems à souffler, il arrive quelquefois que le vif-argent du baromètre baisse peu-à-peu, et que cependant le beau tems ne laisse pas de continuer, à cause que l'air est chargé de peu de vapeurs, et qu'il s'étend vers le sud-ouest, où il n'est point pressé; qu'ainsi son ressort et son poids diminuent, et par conséquent il presse moins sur la surface du vif-argent du baromètre.

Comme les vents de nord-est et de l'est-nord-est compriment l'air, et le rendent plus pesant, de même le sud et le sud-ouest le soulèvent, en lui donnant la liberté de tendre ses ressorts. Ils diminuent par conséquent sa compression et son poids, d'où il arrive que le vif-argent baisse dans le baromètre, et marque qu'il doit pleuvoir, particulièrement si le vent, ayant été ouest, devient nord ou nord-nord-est, il marque une continuation de beau tems, quand même le vif-argent baisseroit un peu.

La raison pour laquelle le vif-argent du

baromètre marque qu'il doit pleuvoir lorsqu'il baisse, est que l'air étant alors plus léger, il ne peut plus soutenir les vapeurs, d'où il arrive que les plus hautes tombant sur les plus basses, elles s'y unissent, et forment des nuées, qui étant devenu très-pesantes et très-épaisses, par l'augmentation des nouvelles vapeurs qui s'y joignent, tombent enfin en pluie.

Il faut encore remarquer que les vents qui font baisser le vif-argent du baromètre, passent par-dessus des mers avant que d'arriver à nous, et se chargent par conséquent des vapeurs, qui, étant rassemblées, se convertissent en pluie.

L'on remarque souvent que lorsque le nord et le nord-est règnent longtems, le baromètre baisse peu-à-peu, et cependant le beau tems ne laisse pas de continuer, cela vient de ce que les vents amènent peu de vapeurs, et le vif-argent doit baisser, parce que l'air trop pressé, s'étend vers le sud-ouest, et par conséquent son ressort diminue, par sa dilatation et son étendue, et n'a plus autant de force qu'il en avoit pour presser sur la superficie du vif-argent.

Il arrive encore dans certains tems, des changemens très-considérables, auxquels on doit avoir égard, car l'on sait, par exemple, qu'il sort continuellement des pores de la terre, et qu'il s'élève au-dessus des eaux de certaines parties de l'eau même, très-petites, que nous nommons vapeurs, et que les émanations sont plus grandes dans des tems que dans d'autres ; il est certain que lorsqu'un très-grand froid a fait geler la surface de la terre et des eaux, ces vapeurs ne peuvent passer à travers cette glace, qui étant fort serrée, bouche exactement les pores par lesquels elles passoient ordinairement, ce qui se remarque à l'endroit des ouvertures des cavernes et même des caves, d'où l'on voit visiblement sortir les vapeurs. Il est encore certain que, lorsqu'après une forte gelée, il arrive un dégel, ces vapeurs ayant alors la liberté de passer par leur chemin ordinaire, s'unissent ensemble, et se convertissent en brouillards et en pluies ; au lieu qu'en été, les pores de la terre étant toujours ouverts, et ces vapeurs n'étant point retenues, mais sortant en liberté, ne se ramassent point ensemble, parce que les rayons du soleil les retenant par leurs mouvemens, dans cette séparation, après son coucher et avant son lever, ces vapeurs retombent en petites parties, et c'est ce qu'on appelle le serein et la rosée. Cependant lorsqu'en hiver, par un grand dégel, les pores de la terre deviennent libres et ouverts, et que l'eau a repris son mouvement, ces vapeurs qui avoient été retenues, et qui s'étoient amassées au-dessus de cette grotte gelée, passant facilement par ces pores, et sortant en abondance de la terre et des eaux, donnent par leur mouvement une forte impression à l'air qu'elles remontent, et le soulevant, le rendent plus léger, c'est-à-dire, diminuent la force avec laquelle il pressoit sur la superficie du mercure ou vif-argent ; c'est pourquoi alors le baromètre baisse, et l'air ne pouvant pas soutenir longtems cette abondance de vapeurs, elles s'unissent les unes aux autres, et retombent ensuite en brouillard ou en pluie, qui durent à proportion que la gelée a duré, et qu'il y avoit des vapeurs retenues par cette grotte de glace ; à moins qu'un fort vent ne pousse les vapeurs ailleurs, et ne détourne les brouillards et cette pluie.

Comme le baromètre est pour connoître la pesanteur et la légèreté de l'air, et prévenir les révolutions du tems, il est essentiel de faire observer aux personnes qui font usage des baromètres, que si la colonne du mercure du baromètre étoit au très-sec, et qu'elle vînt ensuite à descendre au beau tems, qui est 27 pouces 18 lignes, cela dénoteroit que les vents changent et qu'il tombera de la pluie ; mais cependant il arrive quelquefois, quoique la colonne du mercure du baromètre ait descendu, que le tems, malgré cela, ne laisse pas que de se soutenir au beau.

Deuxième observation.

Si, par exemple, le mercure du baromètre étoit au beau, et qu'il vînt dans l'instant à descendre à la pluie, au vent, ou à la tempête, cela dénoteroit une tempête et une grande

pluie, qui ne seroit pas de longue durée, lorsque le mercure a descendu avec précipitation ;
mais si la colonne du mercure descend de
ligne en ligne, c'est-à-dire, que si le mercure
étoit au beau tems, et qu'il demeurât 12 ou
24 heures à descendre, la pluie seroit de longue durée.

Troisième observation sur le baromètre.

Comme le baromètre est un instrument qui
sert à marquer avec précision les révolutions
du poids de l'air, il est donc absolument
essentiel de frapper le baromètre avant que
de l'observer, et cela est pour s'assurer de
l'élévation ou de l'abaissement de la colonne
de mercure, qui souvent se trouve retenue
par la pression de l'air qui agite sur le mercure, ou même l'adhérence qui est occasionnée par le mercure aux parois du verre, et
par le moyen de cette petite secousse qu'on
lui fait faire, on le force à monter ou à descendre.

Je prouve, d'une manière bien physique,
que les Baromètres à grosses cuvettes, dont
les observateurs se sont servi, et se servent
encore, n'ont été et ne seront jamais d'aucune
justesse, à cause des défauts auxquels cet instrument est sujet, et auxquels les artistes n'a-
voient pas cherché à remédier. Il s'est trouvé
des physiciens, ainsi que des curieux, qui ont
fait construire des Baromètres, avec des cuvettes de 2, 3, 4, 5, 7, 8 et 9 pouces, et

même d'un pied, en croyant corriger les défauts du Baromètre; mais, moi, je prouve
qu'ils ne l'ont aucunement corrigé, attendu
que si le mercure monte à 29 pouces, il déplace un pouce de mercure dans la cuvette;
s'il descend à 27 pouces, il place un pouce
de mercure dans la cuvette, et que si le mercure descend à 14 pouces, il place 15 pouces
dans la cuvette; voilà ce qui fait un grand
défaut à tous les Baromètres. Mais mon nouvel instrument n'a pas tous ces inconvéniens
ou imperfections, attendu que si le mercure
monte à 30 et 31 pouces, la ligne de niveau
sera toujours égale, et si le mercure descend
à 14 pouces, la ligne de niveau sera toujours la même, eu égard à la mécanique
qui corrige tous les défauts de l'instrument
auquel il est sujet; et je prouve que si un
tube avoit 5 lignes de diamètre, et que si
le mercure descendoit à 14 pouces, que
cela ne causeroit aucun dérangement à la
ligne de niveau; et que s'il montoit à 30
pouces, que la ligne de niveau se trouveroit
toujours égale; c'est ce qui fait le plus grand
défaut de tous les Baromètres, sans plusieurs autres auxquels ils sont sujets, tant par
leurs graduations et autres défauts, dont l'auteur se dispense de faire ici la démonstration, attendu qu'il faudroit au moins dix
pages pour expliquer tous leurs défauts, que
l'auteur a corrigés, tant pour les rendre portatifs et légers, que pour les transporter d'un

(14)

pays à l'autre, rapport au petit volume de
mercure que l'auteur lui a adapté, et pour
ôter le choc du mercure; ainsi que la difficulté
des cuvettes qui étoient sujettes par leur gran-
deur, et par le volume de mercure qu'elles
contenoient, à des ballotages causés par les
roullis et par le tangage, ce qui occasionnoit le
dérangement du Baromètre, même sur les
petits bâtimens de mer, et l'on doit juger
par-là que ces instrumens sont très-défec-
tueux. Ainsi, par ma nouvelle méthode, on
pourra être sûr d'avoir un Baromètre parfait,
tant marin que terrestre, qui annoncera les
orages beaucoup plus promptement que les
autres, par la raison que ma mécanique de
verre rend l'instrument plus susceptible des
impressions de la pesanteur de l'air; avantages que n'offrent pas les autres Baromètres.

J'observe qu'il y a quelque tems que l'on
annonça dans les journaux de Paris, un de
ces Baromètres à grosses cuvettes, comme
correcteurs des autres instrumens; et je prouve
physiquement, qu'il n'ont fait qu'augmenter
son défaut, puisque son auteur n'a point eu
égard ni obvié à la dilatation ni condensation
du verre et du mercure (faute essentielle à
corriger) ni à l'inconvénient de pouvoir les
transporter.

Il se trouve même encore des amateurs qui,
sans connoître le défaut de ces instrumens,
se laissent induire en erreur par nombre de
contrefacteurs et marchands de ces sortes
d'instrumens.

Observation concernant les grandes cuvettes et les gros tubes.

J'observe qu'il est impossible de purger parfaitement d'air un gros tube de crystal, et que plus il est gros, plus il devient imparfait, vu que le vide d'air atmosphérique ne peut se faire parfaitement.

En 1773, le défunt prince Conti, qui étoit grand amateur des sciences et beaux arts, me fit construire un Baromètre dont la cuvette contenoit environ 30 l. pesant de mercure, et le tube environ quatre livres; mais je finis par persuader et prouver au prince que cet instrument étoit tout-à-fait défectueux, en mettant ou plaçant à côté de ce même instrument un tube de deux lignes de diamètre rempli de mercure, et parfaitement purgé d'air, qui correspondoit à la même division du gros pour en faire la comparaison. Le prince, qui l'observa long-tems, fut bientôt convaincu de l'erreur et du peu de précision de cet instrument, toutes les fois qu'il s'opéroit une révolution occasionnée par le poids de l'air de l'atmosphère, d'autant plus que l'air atmosphérique ne peut point agir librement sur une colonne et un volume de mercure aussi considérable. Voyez un corsaire équipé de 15 pièces de canon, et un vaisseau de ligne de 60 pièces; au moindre mouvement de l'air, le corsaire marchera plus rapidement que le vaisseau.

Observation sur la construction des Baro-mètres à cadran.

Cet instrument seroit bon, s'il étoit construit dans les vrais principes physiques, ce qui demande une grande attention, pour les rendre parfaits et comparables. Ce Baromètre est composé d'une poulie double adaptée à un cadran dont les lignes et les pouces sont divisés et gradués à l'entour, et d'un tube rempli de mercure, sur lequel surnage un petit poids qui se trouve suspendu à la poulie par une soie qui fait mouvoir l'aiguille du Baromètre. J'observe que presque tous ceux qui font et vendent de ces sortes d'instrumens, y mettent des tubes capillaires qui contiennent très-peu de mercure, et qu'en conséquence ils font plutôt l'effet thermométrique que barométrique.

Le mercure contenu dans le tube du Baromètre, fait agir le poids qui surnage sur sa surface, et l'oblige à faire mouvoir l'aiguille à droite ou à gauche, suivant la pesanteur ou légèreté du poids de l'air de l'atmosphère. J'observe que les poulies et les tubes n'étant point égaux dans leurs calibres; qu'en construisant, je suppose, cent instrumens semblables, sans avoir égard à l'inégalité des poulies ni des tubes, aucun ne se trouvera d'accord.

C'est par ces raisons que je prouve que c'est de cette manière que tous ceux qui font commerce

merce de ces sortes d'instrumens les construisent, sans en connoître les vrais principes, et trompent journellement le public,
trop crédule, qui achète ces sortes d'instrumens grossièrement faits, croyant avoir un
instrument utile; n'ont qu'une espèce de tableau, tel que l'on en voit journellement dans
tous les cafés et autres lieux publics, ce qui
en dégoûte en partie les amateurs.

Tous les physiciens n'ignorent point que
tout est sujet à la dilatation et condensation;
qu'en conséquence la poulie du Baromètre
se dilate et se condense, en raison de son
volume; et la soie, auquel est suspendu le
poids, se ralonge et se raccourcit, en raison
de la sécheresse ou de l'humidité dont l'air
et la terre sont surchargés; par la même raison que le tube du Baromètre se dilate et se
condense, en raison du chaud ou du froid,
ainsi que le mercure contenu dans le tube.

L'auteur a remédié à tous ces inconvéniens, par le moyen de corrections qu'il a
faites pour tous les Baromètres. (Voyez le
rapport de l'Académie royale des Sciences,
du 2 avril 1791, et celui de la Société royale
de Médecine, sur la perfection du Thermomètre pour les bains.)

B

Moyen ou vrai principe trouvé par Assier
Perricat, *pour construire un bon Baromètre à cadran, et le rendre comparable avec le Baromètre simple.*

1°. Il faut avoir un tube de calibre le plus
égal possible, le remplir de mercure, et ensuite le bien purger d'air sur le feu, observant que le tube puisse contenir trois quar-
terons ou une livre de mercure.

2°. Votre tube étant ainsi préparé, vous
l'adaptez sur un rond qui doit servir de cadran,
avec la monture composée de la poulie et de
l'aiguille, et avez soin de placer à côté un
bon Baromètre simple, que l'on nomme
étalon; ensuite vous attendez les révolutions
ou changemens du poids de l'air.

3°. Quand la colonne de mercure du Baromètre simple donnera 28 pouces, vous
marquerez, sur votre cadran, un point à
l'endroit où la pointe de l'aiguille sera stationnaire, ce qui vous donnera le point fixe de
28 pouces au variable; et ensuite vous attendrez que le poids de l'air de l'atmosphère ait
fait subir une autre variation à votre instrument.

Supposant que le Baromètre simple se
trouve 4 lignes au-dessous de variable, qui
est 27 pouces 8 lignes, vous ferez une remarque à cet endroit; de même que s'il se
trouvoit 4 lignes au-dessus du 28, vous réi-
térerez la même opération, qui est le point

du beau tems; ensuite vous diviserez ces espaces en partie égale, à l'entour du cadran; par ce moyen vous aurez un Baromètre comparable.

J'ai été chargé, par le Gouvernement, de construire de ces instrumens à cadran qui sont actuellement placés dans la grande salle de la Section civile du Palais de Justice, à Paris, et un autre dans la salle du Tribunal des Monnoies, qui pourront servir d'étalon de comparaison aux amateurs.

Description de l'hygromètre comparable, perfectionné par Assier Perricat *en 1775; pour connoître l'humidité et la sécheresse de la terre.*

Il y a diverses espèces de construction d'hygromètre, et j'observe que l'on peut en faire avec toutes sortes de métaux et matières poreuses.

M. de Saussure imagina celle faite avec des cheveux.

L'abbé Coppineau, celle à plume.

On imagina ensuite celle à corde à boyeau, à laquelle sont suspendues 2 figures d'émail que l'humidité et la sécheresse font mouvoir.

Celle faite avec de la paille d'avoine folle.

Celle faite avec de l'acier.

Celle faite avec du parchemin.

Celle faite avec du marbre.

Celle faite avec une éponge.

Celle faite enfin avec toutes sortes de bois.

j'observe que cette dernière est meilleure, en employant le bois de sapin, vu qu'il est le plus poreux.

Je ne m'arrête point à vous donner la description de ces instrumens ici, vu qu'ils sont en partie connus et qu'ils sont plus curieux qu'utiles, attendu que l'on ne peut point les rendre comparables.

L'hygromètre à plume est le seul jusque alors que j'ai perfectionné et rendu comparable pour l'usage des agriculteurs et des serres chaudes, et pour connoître les vrais degrés d'humidité et de sécheresse.

Du moyen trouvé par l'auteur pour les rendre comparables.

PREMIERE OPÉRATION.

Prenez un tube de verre, d'environ une demi-ligne de diamètre en-dedans, que vous calibrerez afin de vous assurer de l'égalité du trou, dans toute sa longueur; ensuite vous prendrez un tuyau de plume, la plus grosse que vous pourrez trouver et la moins grasse; vous la ratisserez avec un canif pour la rendre la plus mince possible, vu que plus elle est mince, plus vite elle acquiert de sensibilité aux effets de la sécheresse, ou de l'humidité de la terre; vous aurez soin d'entourer l'ouverture du tuyau de la plume à l'extérieur, d'un fil enduit de gomme, qui sert à empêcher la plume de se fendre, en y ajoutant le tube de verre; vous remplirez ensuite votre plume de mercure bien pur ; vous y adapterez votre tube de verre , que vous cimenterez bien ensemble, soit avec de la cire à cacheter ou du mastique qui ne se fonde point à l'action de la chaleur.

Deuxième opération.

Quand votre instrument sera préparé, vous mettrez de l'eau dans un vase quelconque dans lequel vous plongerez l'hygromètre , et même plusieurs à-la-fois ; vous attendrez que cet instrument est acquis toute l'humidité qu'elle peut recevoir , et lorsque la colonne de mercure sera stationnaire dans le tube , vous marquerez l'endroit avec un fil le plus fin que vous pourrez trouver, ce qui formera le premier point fondamental de votre échelle ; ensuite vous prendrez de la cendre du feu, que vous tamiserez bien , qu'ensuite vous mettrez dans un pôt de fayence, et y plongerez vos hygromètres que vous laisserez l'espace de 12 heures , afin de leur laisser prendre toute la sécheresse qu'ils pourront acquérir , et lorsque le mercure sera stationnaire , vous le marquerez de même que j'ai dit ci-devant, ce dernier point est zéro ; le point des cendres est sec, extrême ; celui de l'eau est humide extrême ; ensuite vous diviserez , depuis le zéro jusqu'au point des cendres en 20 parties égales , et depuis le zéro jusqu'au point d'Euban qui est l'humide extrême , vous diviserez de même cet espace en 20 parties égales ; je fais observer que le mercure se dilate par le chaud , et se condense par le froid ; donc il faut avoir égard à ces deux causes , pour faire un hygromètre parfait.

Troisième opération.

Lorsque vous retirerez votre hygromètre de l'eau , vous aurez soin d'avoir de la glace que vous pilerez comme de la neige , et y plongerez de suite votre hygromètre, et après l'avoir laissé un espace de tems , vous marquerez l'endroit où le mercure sera stationnaire ; ensuite vous aurez de l'eau chaude dont la chaleur pourra produire au thermomètre de Réaumur , environ 3o à 35 degrés , dans laquelle vous plongerez votre hygromètre , et lorsque le mercure sera stationnaire , vous le marquerez avec un fil ; ces deux intervalles de point sont pour connoître de combien le mercure , contenu dans le tube et dans la plume , s'est dilaté ou condensé ; vous pourrez diviser cet intervalle en 4 degrés ; l'on place 1 thermomètre à côté de l'hygromètre , pour tenir compte de la dilatation de l'hygromètre.

L'auteur en construit de diverses manières pour la commodité des amateurs qui seront assurés que tous ceux faits par lui seront comparables.

Description du thermomètre, et manière de faire un étalon parfait.

PREMIÈRE OPÉRATION.

Il faut prendre plusieurs tiges de verre, dont les tubes soient capillaires, en raison de la grosseur des boullons ou cylindres, et de la sensibilité que l'on veut leur donner; vous insinuez environ 1 pouce de mercure dans votre tube, et ensuite vous prenez un morceau de papier blanc, sur lequel vous tracez deux petites barres avec de l'encre, de la dixième distance du mercure insinué dans votre tube.

Vous faites parcourir cette quantité de mercure le long de votre tube, légèrement de distance en distance, entre la ligne que vous avez tracée, observant toujours que le mercure ne sorte point de la limite de vos traces; car s'il arrivoit qu'il en sortît, votre tube ne vaudroit rien; si au contraire la ligne de mercure, en parcourant le tube, ne se rallonge ni ne racourcit, ce que vous apercevez par l'intervalle de vos deux traces, alors vous aurez un tube parfaitement calibré, propice à la construction d'un étalon. J'observe que pour insinuer le mercure dans les tubes, il faut former un entonnoir à l'entour du tube, par un des bouts avec du papier, et avoir soin de boucher l'autre extrémité du tube, avec un peu de cire molle, pour empêcher que le mercure ne s'échappe; je fais cette observation, vu qu'il y a des personnes qui s'imaginent savoir calibrer un tube, en se servant du procédé de pomper le mercure dans le tube avec la bouche; c'est alors qu'on insinue de l'humidité ou de la salive dans le tube, et qu'il devient défectueux à la construction du thermomètre.

Deuxième opération.

Vous prenez votre tube que vous avez calibré, et vous y soudez un cylindre ou une spirale (j'observe que la forme de la spirale est plus sensible, vu qu'elle présente plus de surface à l'action de l'air), cette opération étant finie, vous prendrez du mercure très-pur et très-sec, ensuite vous aurez de la braise bien allumée dans un petit fourneau; vous présenterez votre spirale au cylindre, à l'action du feu, pour en chasser l'air, et ensuite plonger à l'instant l'orifice supérieur de votre thermomètre dans votre mercure, et le laisser monter jusqu'à ce qu'il y en ait une certaine quantité que vous ferez parvenir jusqu'au bout.

Cette opération étant finie, vous la recommencez en présentant de nouveau votre spirale à l'action du feu, jusqu'à ce que le mercure bouille parfaitement; vous replongez tout de suite, votre instrument dans le mercure, comme je l'ai dit ci-dessus, et vous riétérerez cette opération, jusqu'à ce que votre thermomètre soit parfaitement rempli , et qu'il n'y reste aucune particule d'air.

La même opération et les mêmes procédés se pratiquent pour les thermomètres à l'esprit-de-vin.

Troisième opération.

Il faut avoir une caffetière de 18 pouces de profondeur au moins , dans laquelle vous ferez bouillir de l'eau, et de suite y plongerez la totalité de votre thermomètre ; cependant de manière à laisser un espace de tube , qui ne plonge point , afin que l'eau ni l'humidité ne s'insinuent dans le tube , en cas que le thermomètre ne soit point fermé hermétiquement. Lorsque le mercure sera stationnaire dans le tube, vous le marquerez avec un fil ciré avec de la cire verte ou de la gomme, que vous entourerez sur la surface du mercure ; ce premier terme , et le point et l'eau bouillante ; j'observe que pour faire cet instrument parfait , il faut avant cette opération ci-dessus , tirer une pointe très-fine au sommet de la tige du thermomètre , à la lampe d'émailleur ou à la flamme d'une bougie avec un chalumeau , ou qu'il faut que le thermomètre soit bouché hermétiquement , tandis qu'il est plongé dans l'eau bouillante ; j'observe que pour faire cette opération , il faut que la colonne du mercure du baromètre soit à 28 pouces.

Quatrième opération.

Il faut avoir de la glace, que vous pilerez comme de la neige, que vous mettrez dans un vase quelconque, observant qu'il ait de 6 à 8 pouces de profondeur ; ensuite vous y plongerez votre thermomètre, et le laisserez jusqu'à ce que le mercure reste stationnaire ; ensuite vous marquerez l'endroit, comme je l'ai dit ci-devant pour l'eau bouillante, observant que la spirale et le tube soient toujours bien entourés de glace. Ces deux points étant pris, forment la principale base de l'échelle fondamentale du thermomètre, en divisant ces deux espaces, compris entre la glace et l'eau bouillante, en 80 parties égales.

L'on m'objectera, peut-être, la cause pour laquelle je dit qu'il faut que la colonne du mercure du baromètre soit à 28 pouces, en voici la raison ; c'est que l'eau bouillante acquiert, plus ou moins de chaleur, en raison de la pesanteur ou légèreté de l'air.

Je suppose, par expérience, que si la colonne du mercure du baromètre étoit à 27 pouces, vous auriez deux dégrés de différence à votre thermomètre, au-dessous du terme de l'eau bouillante que vous auriez ; près la colonne du mercure du baromètre, étant à 28 pouces, et si, au contraire, elle se trouvoit à 29 pouces, l'eau bouillante acquièrant plus de chaleur, votre thermomètre se trouvera deux dégrés au-dessus de son vrai terme, ce

qui vous ferait quatre degrés de différence ;
de - là proviennent les erreurs de tous les
thermomètres, occasionnées par la mésintel-
ligence de ceux qui les construisent sans principe ; ce qui fait que la plupart des amateurs
et chimistes, sont journellement trompés,
tant dans leurs observations, que dans leurs
opérations, en voulant avoir ces instrumens
à vil prix.

Observation.

Qu'en mettant de l'eau dans une cafetière,
exposée sur un fourneau de feu, et mettant
ensuite cet appareil sous le récipient de la
machine pneumatique, avec un thermomètre
dans ladite cafetière, et un baromètre placé
sous le même récipient, à mesure que vous
pomperez l'air, vous verrez descendre la colonne de mercure du baromètre, ainsi que la
colonne de mercure du thermomètre; à mesure
que vous faites le vide, l'air se raréfie ; à 70
dégrés du thermomètre sous la machine pneumatique, l'eau bout.

Deuxième observation.

J'invite les physiciens, chimistes et autres
personnes qui voudront s'assurer des expériences que j'annonce, à les réitérer, pour
constater les effets.

Autres observations.

Si l'on construisait un thermomètre sur une

montagne fort élevée, comme le Mont-Cénis,
et que l'on le plongeât dans de l'eau bouillante,
on verroit que le thermomètre étant fait, ne
montera que jusqu'au 70e degré, vu que l'air
est plus raréfié.

Réitérez la même expérience au bas de la
montagne, vous verrez le thermomètre attein-
dre presque le terme de l'eau bouillante. Je
suis convaincu de ces expériences, que j'ai
faites, en 1762, sur la montagne de Saint-
Gothard, et sur celle des Chartreux, dont le
prieur, étoit grand amateur des sciences et
arts ; ayant emporté avec moi plusieurs baromètres et thermomètres, le prieur et moi expo-
sîmes plusieurs thermomètres dans l'eau bouillante, pour s'assurer de l'exactitude des thermomètres, aucuns ne montèrent au 80e
degré, et ne passèrent point le 76e degré ;
alors ni lui ni moi n'en connaissions point la
cause, c'est ce qui m'a décidé à faire des
recherches sur la construction de ces instrumens, afin de les rendre parfaits.

Nous avons exposé les mêmes thermomètres dans une des glacières des chartreux, et
ils ont atteint le terme de la glace. J'observe
que j'avois construit ces thermomètres dans
la ville de Grenoble.

Il est assez démontré dans cet ouvrage aux
amateurs et autres qui voudront faire construire de ces instrumens comparables, que
je suis le seul qui sois parvenu à ce degré de
perfection.

TABLE des observations météorologiques faites sur les montagnes, avec le Baromètre, pour les endroits ci-après, en pouces et lignes du pied-de-roi.

PROVINCES.	VILLES.	pouc.	lig.
Picardie.	Abbeville.	27	11 $\frac{1}{2}$
Finlande.	Abo.	27	10 $\frac{1}{2}$
Languedoc.	Agde.	27	10
Provence.	Aix.	27	5 $\frac{1}{2}$
Hollande.	Amsterdam.	28	9
Auvergne.	Aurillac.	27	9
Normandie.	Avranches.	27	6
Artois.	Arras.	27	11
Moscovie.	Archangel.	26	11
Languedoc.	Baucaire.	28	3
Prusse.	Berlin.	27	2
Bretagne.	Brest.	27	11
Languedoc.	Bésiers.	27	6
Suède.	Betna.	27	11
Hollande.	Breda.	28	10
Guyenne.	Bordeaux.	28	1
Champagne.	Bourbon-les-Bains.	27	2
Brabant.	Bruxelles.	27	11
Cambresis.	Cambray.	28	1
.	Cap de Bonne-Espér.	28	2
.	Chandernagor.	27	9
Beauce.	Chartres.	27	9
Touraine.	Chinon.	28	
Italie.	Chioggia.	27	10
Auvergne.	Clermont.	26	9
Danemarck.	Copenhague.	28	3
Bourbonnois.	Cusset.	27	4

PROVINCES.	VILLES.	pouc.	lig.
Pyrennées. . . .	Canigon.	20	2
Cordillières. . . .	Coraçon.	15	10
Bourgogne. . . .	Dijon.	27	3
Normandie. . . .	Dieppe.	28	1
Flandres.	Dunkerque. . . .	28	
Ecosse.	Edimbourg. . . .	28	6 $\frac{1}{2}$
Toscane.	Florence.	27	8
Frise.	Franker.	27	11
Suisse.	Genève.	27	
Mont des Alpes. . .	Hôp. du Mont-Cénis.	22	$\frac{1}{4}$
Suède.	Hudicksvall. . . .	27	9
Saintonge. . . .	Isle-d'Oléron. . .	28	
Auvergne. . . .	Issoire.	26	6
Tartarie russienne. .	Ircutsk.	25	1
Normandie. . . .	Laigle.	27	2
Hollande.	La Haie.	28	
Saintonge. . . .	La Tremblade. . .	28	3
Pérou.	Les Cordillières. .	14	(a)
Hollande.	Leyde.	27	11
Frise.	Lewarden. . . .	27	8
Flandres.	Lille.	27	9
Angleterre. . . .	Londres.	28	8
Bas-Poitou. . . .	Luçon.	28	3
Suède.	Lunden.	27	11
Lyonnois.	Lyon.	27	
Provence.	Manosque. . . .	27	11
Provence.	Marseille.	28	2
Lorraine.	Metz.	27	6
Guyenne.	Mezin.	27	10

(a) Ascension du citoyen Bauvais, le 16 juillet an 9.

PROVINCES.	VILLES.	pouc.	lig.
Gâtinois.	Montargis. . . .	27	9
Quercy.	Montauban. . . .	27	5
Suisse.	Mont-Saint-Gotard.	21	
Dans les Alpes. . .	Mont Cénis. . . .	19	10
Languedoc. . . .	Montpellier. . . .	28	
Roussillon. . . .	Mont-Louis. . . .	27	21
Alsace. . . .	Mulhausen. . . .	27	6
Rouergue. . . .	Mur-de-Barès. . .	28	7
Lorraine.	Nancy.	27	3
Bretagne.	Nantes.	28	1
Suisse.	Neufchâtel. . . .	26	7
Allemagne. . . .	Nuremberg. . . .	27	6
Allemagne. . . .	Oberkeine. . . .	27	8
Orléanois. . . .	Orléans.	27	6
Italie.	Padoue. . , . .	27	10
. . . .	Paris.	27	11
Roussillon. . , .	Perpignan. . . .	28	1
Russie.	Pétersbourg. . . .	28	
Montagne du . . .	Pic de Ténériffe. .	17	1 $\frac{1}{2}$
Pérou.	Pitchincha. . . .	16	1
Poitou.	Poitiers.	28	1
Franche-Comté. . .	Pont-Arlier. . . .	28	1
Canada.	Québec.		
Pérou.	Quitto.	20	3
Champagne. . . .	Rhetel-Mazarin. .	27	10
Rouergue. . . .	Rhodès.	26	1
Italie.	Rome.	28	11
Normandie. . . .	Rouen.	28	1
Provence.	Salon.	28	
Auxois.	Semur.	26	11 $\frac{1}{2}$
Soissonnois. . . .	Soissons.	27	9

PROVINCES.	VILLES.	pouc.	lig.
Hollande.	Sperendam. . . .	27	10
Bretagne.	Saint-Brieux. . .	28	1
Amérique septentr. .	Saint-Domingue. .	28	3
Gascogne.	Saint-Jean de-Luz.	27	8
Saintonge. . . .	S.-Jean-d'Angély. .	28	1
Bretagne.	Saint-Malo. . . .	28	2
Artois. . , . . .	Saint-Omer. . . .	27	10
Soissonnois, . . .	Saint-Paul-au-Bois.	27	6
Alsace.	Strasbourg. . . .	27	9
Suède.	Stockholm. . . .	27	5
Provence.	Tarascon.	27	4
Italie.	Tivoli.	26	7
Provence. . . .	Toulon.	28	1
Champagne. . . .	Troyes.	27	11
Savoie.	Turin.	27	½
Languedoc. . . .	Toulouse. . . .	27	6
Italie.	Udine.	27	4
Russie.	Upsal.	27	9
Hollande. . . .	Utrecht.	27	6
. . . .	Versailles. . . .	27	9
Dauphiné. . . .	Vienne.	27	9
Autriche. . . .	Vienne.	27	2
Normandie. . .	Vire.	27	6
Baujolois. . . .	Villefranche. . .	27	4
Vivarais. . . .	Viviers.	27	8
Pologne. . . .	Warsovie. . . .	26	10
Pologne. . . .	Wilna.	27	5
Allemagne. . .	Wirtemberg . . .	27	6
Suisse.	Zurich.	26	9

MÉMOIRE

MÉMOIRE

SUR LA CONSTRUCTION

DES NOUVEAUX

BAROMÈTRES;

PRÉSENTÉ à *l'Académie royale des Sciences* (1), *par* ASSIER PERRICAT, *ingénieur et constructeur d'instrumens de physique, breveté et pensionné du roi, en* 1781.

JE me propose, dans ce Mémoire, de donner une méthode sûre et invariable de construire des Baromètres, de manière qu'on puisse, par leur moyen, observer les différentes variations du poids de l'air, la hauteur des montagnes, l'élévation des tours, etc., sans craindre aucune erreur sensible dans ces diverses observations; des expériences sans nombre me donnent lieu de penser que ces Baromètres auront ce précieux avantage. Cependant, je ne croirai avoir parfaitement réussi à le leur donner, que lorsque ma méthode aura obtenu votre approbation, comme celle des savans les plus capables de juger

---

(1) Ce mémoire a été accepté et approuvé par l'Académie, sur le rapport des commissaires *Le Roy* et *Lavoisier* qu'elle avoit nommés.

A

des progrès qu'on peut faire dans cette partie si importante de la physique.

ARTICLE PREMIER.

Sur les condensations et les dilatations du verre et du mercure.

JE m'étois occupé, il y a plusieurs années, de la construction des Baromètres trempés, afin de les rendre portatifs. L'académie m'honora à ce sujet le 3 août 1771, de son approbation. Mais les observations météorologiques devenant de plus en plus intéressantes tous les jours par les soins qu'y apportent toutes les sociétés savantes, et m'apercevant que le Baromètre, instrument essentiel à ces observations, n'étoit pas porté à son dernier degré de perfection, j'imaginai les expériences suivantes pour chercher à reconnoître et déterminer les dilatations respectives du verre et du mercure, à fixer avec précision le niveau, enfin à avoir une graduation exacte. Plusieurs savans, avant moi, s'étoient occupés à reconnoître le dégré de condensation ou de dilatation d'une quantité donnée de mercure, et ils trouvèrent que du point de la glace à celui de l'eau bouillante, il y avoit un soixantième d'augmentation de volume ou à-peu-près. Boerhaave fut le premier qui trouva la dilatation d'un 54e. Cristin la trouva d'un 60e. Domcasbois d'un 67e. Délucque d'un 54e. et Legaux remarqua que le mercure dans le baromètre, pouvoit se dilater d'après ses expériences de 5 lignes ou à-peu-près , d'où l'on voit que ne s'accordant pas entr'eux , on pourroit croire que ces expériences pourroient être de quelque utilité pour la construction des Baromètres; mais il est évident qu'elles ne suffisent pas; car, avec les corrections que l'on peut en déduire, il ne sera jamais possible de faire deux Baromètres qui soient comparables ; ce que l'on fait cependant par ma méthode avec beaucoup de facilité. Je me propose en conséquence, et sous le bon plaisir de l'académie , d'en exposer un dans la salle d'assemblée qui servira en tout tems d'étalon aux personnes qui m'honoreront de leur confiance, et par ce moyen, on ôtera tous les doutes aux physiciens et aux amateurs sur l'identité de leurs Baromètres , puisqu'ils auront à chaque instant des facilités pour vérifier eux-mêmes leur instrument, instrument, on nous permettra de le dire , qui , quoique fort en usage, n'est cependant pas encore assez bien connu.

ARTICLE II.

De la manière de remplir le tube de mercure, et de les avoir l'un et l'autre bien purgés d'air.

IL faudra avoir des tubes de deux, trois, quatre et cinq lignes de diamètre de 30 à 35 pouces de longueur, et se précautionner d'un grande machine de tole, plus longue de deux ou trois pouces, et qui en ait deux ou trois de large, avec une grande cafetière de fer blanc de 36 pouces de long sur trois pouces et demi de large : on se munit en même tems de mercure bien purifié, le plus pur étant toujours le meilleur dans ces sortes d'expériences. Celui dont je me sers est un mercure que j'ai toujours épuré moi-même ; ce mercure est très-propre pour faire des thermomètres de comparaison. Enfin, on aura soin d'avoir de petits matras ou bouillottes de verre, dont voici le modèle. (1)

Première opération. On introduit du mercure dans les petites bouillottes, en les emplissant aux trois quarts. On met ces petites bouillottes dans un bain de cendre ou de sable, ou bien sur du charbon et de la braise pas trop ardente, mais le mieux est de se servir d'un bain de sable. Par ce moyen, on donne un léger degré de chaleur au mercure que l'on soutient un certain tems, afin d'en chasser toute l'humidité.

Seconde opération. Quand on s'est procuré des tubes de 30 à 35 pouces de long, dont on a parlé ci-devant, on les scelle par un bout et par l'autre côté, on y forme un petit entonnoir semblable à celui de la figure ci-jointe. On aura tout auprès du charbon ou de la braise bien allumée dans un fourneau, sous une grande cheminée ou au milieu d'une

----

(1) Planche première, fig. première.

(5)

grande chambre, dont on ouvrira les croisées; car on sent assez combien les effets de la vapeur du charbon ou de la braise sont pernicieux, et que quantité d'artistes, faute d'avoir pris les précautions nécessaires, en ont été la victime. On a remarqué que du vinaigre en évaporation sur le même fourneau ou près de l'opérateur, calmoit considérablement les douleurs de tête qui sont toujours les suites de ces sortes de travaux. On ne sauroit trop prévenir sur ces inconvéniens, ce qui me fait espérer qu'on me pardonnera cette petite digression.

Le charbon étant bien allumé, soit dans un fourneau ou ailleurs, vous le mettrez dans la grande machine de tôle (2) dont nous avons parlé, ayant bien soin de l'étaler dans toute sa longueur; vous prendrez ensuite le tube (3) disposé pour faire le baromètre, et vous l'approcherez peu-à-peu de votre charbon ardent, à mesure qu'il acquiert de la chaleur; enfin vous l'exposerez en totalité sur ces charbons, en conservant cependant un petit bout pour le tourner dans les doigts, de peur que, par le degré de chaleur qu'éprouve le verre, il ne se fonde, ou ne prenne une figure courbe au lieu de rester droit, qualité très-essentielle, et sans laquelle toute l'opération seroit très-défectueuse. Vous chasserez ainsi toute l'humidité que pouvoit

---

(2) Figure.
(3) Figure 4 où est portée la main.

A 3

contenir le tube, ensuite, ayant pris une des
bouillotes dans laquelle le mercure doit bouillir, vous l'introduirez ainsi bouillant dans
votre tube très-sec et aussi chaud que ce que
vous y versez; pour être même plus sûr d'a-
voir chassé toute l'humidité, vous ferez encore bouillir votre mercure dans le tube; alors
vous pourrez être certain que votre mercure
sera bien vidé d'air, ou qu'il en sera bien
exactement purgé, un Baromètre n'étant bon
comme on sait, qu'autant que cette purga-
tion est bien parfaite. Cependant, si on avoit
un vide complet, le mercure se tiendroit au
sommet du tube; car je suis obligé de prévenir les physiciens, qu'ayant fait bouillir à
quatre reprises différentes le mercure dans
un tube, il s'y soutint parfaitement, rem-
plissant le tube jusqu'à son sommet. Une
bougie même, approchée à l'extrémité, n'y
produisit aucun mouvement sensible, mais
un charbon très-ardent fit plus d'effet, et fit
descendre le mercure. Cette expérience me
prouve ainsi qu'il ne restoit plus d'air dans le
tube, et la hauteur du mercure qui est dans
le baromètre, constamment étroit d'un quart
de ligne de plus que dans les autres me le
confirme, aussi est-il essentiel que le mercure bouille toujours trois ou quatre fois dans
le même tube; car, par les premières ébul-
litions, tout l'air ne s'en échappe pas.

Première opération, *pour obtenir la condensation et la dilatation du mercure et du verre.*

Vous remplirez votre cafetière d'eau, et l'exposerez sur un grand fourneau ; et quand l'eau commencera à acquérir une chaleur de 40 degrés, ce que vous reconnoîtrez par un thermomètre que vous aurez eu le soin de mettre dans votre cafetière, vous plongerez votre tube dans l'eau, et vous attendrez qu'elle bouille. Votre mercure montera alors d'une petite quantité dans le tube. Lorsqu'il sera stationnaire, vous marquerez le point où il se tient avec un fil fin enduit de gomme lacque dissoute dans l'eau, afin qu'il adhère au verre, ayant soin que cette marque se trouve au-dessus de la convexité du mercure.

Seconde opération. On se précautionnera de glace, on la pilera aussi fine que la neige, et on posera le tube dans cette glace, de façon qu'il en soit bien exactement environné de toutes parts. Quand le mercure sera descendu, et qu'il sera stationnaire, vous marquerez, comme ci-devant, le point où il se tient, qui indiquera le véritable terme de la condensation tant pour le verre que pour le mercure, à moins qu'il n'y ait eu des variations dans l'atmosphère, pendant que vous aurez opéré, ce que vous aurez soin d'examiner et de vérifier au moyen d'un autre baromètre, et d'en tenir compte. En opérant ainsi, et ayant la table exacte de la dilatation, et de la condensation des deux substances qui servent à la construction de l'instrument, vous serez sûr d'exécuter des baromètres de la dernière exactitude.

Moyen d'empêcher que l'eau ne s'introduise dans le mercure du réservoir, quoique l'air agisse immédiatement dessus.

J'adapte au-dessus du réservoir un tube d'environ 32 à 33 pouces de long, à l'aide d'une peau ficelée, couverte d'une vessie de carpe, enduite d'huile (4). Il m'eût été facile de souder le second tube au premier ; mais comme tout le monde ne sait pas manier le verre, je propose cette manière de le faire tenir comme plus commode pour les savans qui desireront eux-mêmes s'occuper à faire des baromètres. Une circonstance qu'il est très-important d'observer dans ces opérations, c'est de ne pas faire passer le tube subitement d'une température chaude dans une trop froide, car alors il casseroit presqu'aussitôt.

Pour éviter les mouvemens dans la colonne du mercure, il sera bon, au lieu de tenir le tube à la main, d'avoir une potence à demeure au-dessus de la cafetière 5) qui puisse main-

---

(4) *Voyez planche II, les figures* 5-6-7-8- *et* 9, sur la construction de ces baromètres qui seront faits dans le même principe, à la volonté des amateurs.

(5) *Planche II, figure* 7.

tenir l'instrument fixe, et donner par-là avec plus de précision les degrés de condensation et de dilatation.

Expériences sur les différences des dilatations.

Dans un tube de 4 lignes de diamètre, où le mercure étoit à 29 pouces une ligne, la différence de l'eau bouillante à la glace a été de 5 lignes. Dans un autre tube de 3 lignes et demie à 29 pouces une ligne, la différence de l'eau bouillante à la glace a été de 6 lignes, et en le renversant, il s'est dilaté de sept lignes. Cette différence d'une ligne dans ces deux différentes positions, doit être attribuée au défaut du calibre du tube. Un autre tube étant à 28 pouces et demi, m'a donné de l'eau bouillante à la glace 6 lignes de différence, mais en le renversant, je n'en ai eu que 5 lignes. Ces différences, assez considérables, et qu'on n'auroit pas soupçonnées, montrent l'importance et la nécessité de déterminer par des expériences faites avec l'instrument même sa véritable dilatation, depuis la glace jusqu'à l'eau bouillante, et pour faire usage de cette détermination, la quantité qu'il faudra soustraire pour pouvoir comparer et vérifier les variations de la hauteur du mercure, dans chaque baromètre, relativement à celles du thermomètre. Il y a toujours dans mes

instrumens un thermomètre et une table toute
faite pour faire connaître l'effet de la température dans l'endroit où il se trouve. Or,
comme on vient de le voir par les expériences
que j'ai rapportées, cette table variera pour
chaque instrument, en raison de la qualité
du verre, de son épaisseur du diamètre du
tube et de la qualité du mercure; avec cela, on
sera assuré, et de ne point commettre d'erreur
sur la hauteur du mercure par les variations de la température, et d'avoir un baromètre bien exactement purgé d'air, règle générale dans une quantité donnée de baromètres.
Celui dont l'ascension est la plus haute, est
toujours le meilleur; car plus on les fait bouillir, et plus leur hauteur est considérable. Les
Anglais ne sont pas dans l'usage de purger
d'air leurs baromètres; aussi sont-ils sujets à
erreur, ce qui dégoûte beaucoup les observateurs, et leur fait souvent tirer des consé-
quences fausses sur la cause de ces variations,
ne pouvant jamais avoir des dégrés de comparaison pour ces sortes d'observations. Plusieurs autres constructeurs en font aussi de
pareilles, dont le niveau et l'échelle sont al-
térés plus ou moins. Plus les gens de cette
espèce se multiplieront, moins on pourra
s'accorder dans les observations. Delà vient
l'obscurité, qui dégoûte la plupart des observateurs qui négligent un travail utile à
cause du défaut de comparaison des divers
instrumens. Avec mes instrumens, on évitera

toutes ces erreurs par la précision que je mets
à les construire ; quant aux divisions de ces
instrumens, les amateurs peuvent être sûrs
de leur exactitude. La division de la toise de
l'Académie, exécutée par ce célèbre artiste,
annoncée au n°. 105 du journal de Paris,
année 1779, est notre étalon, et c'est par cette
toise que nous avons fait l'échelle du baromètre. (*fig.* 1. *planche II.*) On y voit une
plaque de cuivre A B qui porte plusieurs
pouces de division, partagée en ligne, et
chaque ligne en quart de ligne. Derrière cette
plaque, est une crémaillère qui porte un
anneau à travers lequel passe le tube ; cet
anneau auquel est attachée la plaque E F
sert à juger la hauteur du mercure ; on
le fait descendre par le moyen de la vis D
et d'un pignon, jusqu'à ce que le jour
qu'on aperçoit alors entre la partie inférieure de l'anneau et la colonne du mercure, disparoisse ou du moins se réduise à
une si petite quantité, que l'on puisse être
assuré de la coïncidence parfaite de l'anneau
et de la surface du mercure. Alors on examine
le vernier C sur les divisions duquel coïncide la ligne de foi, et cette division donne la
hauteur exacte du mercure. D est une vis de
rappel qui fait descendre ou monter le vernier
E F. Il faut remarquer que si la ligne de
foi ne coïncide pas absolument sur un des
quarts de ligne de l'échelle fondamentale, on
trouvera qu'une des 25 divisions du vernier ré-

pondra à une de l'échelle. Alors, on comptera à combien de distance est cette division de la ligne de foi, et le nombre d'intervalles donnera autant de centièmes de ligne à ajouter à la hauteur approchée par la ligne de foi.

Au-dessous des divisions du baromètre, est placé sur la même plaque de cuivre un thermomètre spiral à mercure, divisé en 80 parties, depuis la glace jusqu'à l'eau bouillante.

La partie inférieure du baromètre portatif (*fig.* 2) présente une vis d'ivoire à tête carrée qui sert à introduire l'air sur la surface du bain, dans lequel plonge le tube, et une petite fenêtre par où l'on voit un flotteur traversé par un cylindre d'ivoire sur lequel est une ligne circulaire qui donne le terme fixe du niveau, est le moyen de le rappeler parfaitement à volonté. On voit (*fig.* 2.) la coupe de la cuvette A. A est une pièce en buis, dans laquelle le tube est cimenté à la gomme lacque; cette pièce se visse dans un cercle en buis B B. Ce cercle est cimenté à un flacon de crystal C C; le même flacon est cimenté à un autre en buis D D qui entre à vis dans une pièce E E dont la partie inférieure est tournée en forme de gouleau renversé, pour y fixer solidement un sachet ou réservoir de peau, qui contient suffisamment de mercure pour remplir la totalité du flacon C C et rendre le mercure sans mouvement dans le tube, ce qui s'opère par une vis G

taraudée dans la partie inférieure de la pièce
E F ajustée à vis sur E E. On voit aussi la
coupe du flotteur 3 3. traversée par son ci-
lindre Y. X représente la vis qui sert à l'in-
troduction de l'air, et qui empêche aussi le
mercure de sortir dans les voyages.

Par ces précautions, ce baromètre devient
un des plus transportables qu'on ait encore
vu ; il se renverse en tous sens. Il est sans
choc à la partie supérieure, et à l'abri de
tout accident. Quand on part pour les voyages,
on tourne la vis G avec la clef L, la plaque
M M remonte et repousse vers le haut le sac
qui contient le mercure. Il remplit alors toute
la capacité du tube et du réservoir de verre
C C ; il ne peut par conséquent, ni balotter,
ni casser le tube. L'observation étant arrivée
à une station, on fait mouvoir la vis G de
façon que le mercure redescend dans la cuvette. Le flotteur l'accompagne, et on arrête
lorsqu'il est juste au point de niveau invariable, marqué sur la tige d'ivoire Y Y. On
ouvre alors la vis X qui fait communiquer
l'air de la cuvette avec celui de l'atmosphère
par le canal N. Par ce procédé, on est sûr
d'avoir toujours le même niveau, soit que
l'on monte, soit que l'on descende pour faire
des observations, ce qui est un point essentiel.

OBSERVATIONS. Pour transporter les baromètres, il faut tourner la vis marquée X ; et
en tournant la vis qui est marquée L vous

faites remonter le mercure qui chasse l'air qui est dans la cuvette, et par le moyen de cet air qui est sorti de la cuvette, le mercure commence à paroître à travers du petit trou. Si-tôt qu'on s'aperçoit que le mercure veut sortir, on remet la vis qui est marquée X ; on est assuré qu'il ne reste plus qu'une petite portion d'air qui ne peut être sujet à faire faire aucun dérangement dans le baromètre ; autres observations sur les baromètres nouveaux : quoique le mercure monte dans le tube du baromètre, et qu'il fasse le convexe, ou bien en descendant, qu'il fasse le concave, le niveau se trouve toujours égal par le moyen du flotteur qui occupe la surface du mercure qui est dans la cuvette. C'est-là un point essentiel pour les observations météorologiques. Dans l'ancienne méthode des baromètres trempés, il y avoit un inconvénient. Quand le mercure montoit dans le tube, il faisoit faire le concave au mercure qui est contenu dans la cuvette, et quand il descendoit, il occasionnoit une convexité, et on observoit toujours mal le niveau. Cet effet est occasionné par l'adhérence du mercure aux parois du verre. Si j'ai cherché à remédier à tous ces inconvéniens, et à d'autres défauts, c'est que le baromètre trempé est un des instrumens qui a été le plus en usage chez les physiciens et les observateurs qui l'ont employé à faire des expériences dans tout l'univers. Cependant cet instrument a été varié par plusieurs physiciens et par des

constructeurs, afin de le rendre portatif, soit
en le mettant à boule recourbée pour contenir
le réservoir du mercure, soit en y mettant un
piton garni de chanvre. Ce piton peut avoir
la propriété, pendant un certain tems, d'empêcher la sortie du mercure; mais la sécheresse faisant relâcher le chanvre, il finit par
s'échapper le long des parois du chanvre, ce
qui occasionne une réduction du mercure,
qui ne peut être remplacée que par un égal
volume d'air qui, s'introduisant dans le tube,
rend l'instrument très-imparfait. Ce piton a
encore un inconvénient qui est très à craindre,
comme l'ont éprouvé plus d'une fois les observateurs ; c'est que si le piton bouche hermétiquement, si la chaleur vient à augmenter,
lorsque l'on a bouché son instrument, alors
le mercure se dilatant, casse le tube qui le
renferme. Si au contraire le piton ne bouche
pas hermétiquement, dans le transport, le
mercure s'échappe, et l'instrument est défectueux par le manque du fluide.

Il est nécessaire de faire observer que mon
nouveau baromètre n'a pas ces inconvéniens,
par le moyen d'un sac de peau qui est contenu dans la cuvette d'en bas, qui est le premier réservoir du baromètre, et si la chaleur
fait dilater le mercure, soit dans le tube, ou
bien dans la cuvette qui est le second réservoir marqué 5. Comme la peau est très-sus-
ceptible à l'aggrandissement et aux rétrécis-
semens, que si le mercure se dilate, soit dans

le tube ou dans la cuvette, force le sac de peau de s'élargir, la preuve en est bien convaincante, en prenant un morceau de peau de chamois, de daim ou de mouton, n'importe l'apprêt que l'on aura donné à la peau ; le meilleur, pour empêcher le mercure de passer à travers, c'est de la humer dans l'huile.

Autre moyen pour connoître au vrai la dilatation et la condensation d'une quantité donnée de mercure pour faire un baromètre.

J'ai construit une cuvette dont voici le modèle marqué **A**. J'ai pris un bouchon de liége bien fin, j'ai percé un trou à travers du bouchon pour que mon tube de baromètre passe à travers et entre dans la cuvette. J'ai entouré de filasse le tube du baromètre; j'ai pris de la peau et de la vessie de carpe, que j'ai mis à l'entour de l'embouchure de la cuvette, et j'ai mis de la cire à cacheter, et la recouvrant d'une seconde peau, par le moyen de cet appareil, mon instrument a été dans le cas de supporter l'eau bouillante, et j'ai pris un second tube marqué **F**. Ce tube est d'environ 33 à 34 pouces de longueur, et ce tube est pour donner la communication de l'air de notre atmosphère qui doit se communiquer sur le bain du mercure qui est contenu dans la cuvette, afin que le mercure se trouve en équilibre au poids de l'air de l'atmosphère, et j'ai

mon.

obtenu tous les succès que je devois espérer de mon expérience, pour connoître de combien le volume du verre et du mercure devoit se dilater, ce qui m'a donné 6 lignes de différence de l'eau bouillante à la glace. On m'objectera peut-être que la chaleur de l'eau bouillante change le poids de l'air en le raréfiant. Il est certain que si l'air se trouvoit plus raréfié, le mercure qui est contenu dans le tube descendra. Mais tout le contraire à moi; il monte par la dilatation que l'eau occasionne, soit sur les pores du verre, soit sur la totalité du mercure.

Démonstration qui est très-facile à concevoir que si on met une éprouvette dessous le récipient de la machine pneumatique, le mercure qui est contenu dans l'éprouvette en faisant le vide de l'air, le mercure descend ; ainsi par cette épreuve que si l'air se trouvait plus raréfié dans l'eau bouillante, le mercure descendrait au lieu de monter, c'est assez pour ôter tous les doutes qu'on pourrait avoir sur les expériences que j'ai faites pour tenir compte des révolutions du poids de l'air qui pouvoit influer sur la colonne du mercure contenu dans le baromètre, et savoir s'il ne changeoit pas dans le tems que j'opérois, ayant soin d'avoir à côté de moi un baromètre de comparaison ; mais il est bon de prévenir que s'il se trouve des curieux qui veulent répéter mes expériences pour connoître la condensation et la dilatation, soit sur le mercure ou le verre, et que l'on veuille tenir compte de l'action du mercure dans l'instant de l'opération, ayant, comme moi, un baromètre de comparaison à côté de soi, ils n'auront qu'à diviser en deux la variation qu'il pourra y avoir eue, et la déduire ou ajouter du froid au chaud.

A l'aide des baromètres construits sur ma méthode, qui se trouveront comparables par la condensation ou dilatation, soit sur le mercure ou sur le verre, avec une échelle qui sera gravée sur chaque planche, on peut voir de combien le volume du mercure se dilate sur chaque tube ou sur la totalité du mercure pris au terme de la glace et de l'eau bouillante ; et pour obtenir ces deux points fixes, il est absolument de toute nécessité que chaque baromètre ait été mis à la glace et à l'eau bouillante, pour être assuré de combien la dilatation et condensation du mercure et du verre peuvent influer sur chaque différence des tubes qui sont plus poreux les uns que les autres, vu que les verriers ne sont pas sûrs de la cuisson du verre et des compositions qui y entrent ; ainsi, par cette différence, il se trouve des tubes qui sont plus dilatables les uns que les autres, et la manière de purger les baromètres d'air ; les uns les purgeant de plus ou du moins, et cela influe sur ses opérations, cela pouvait occasionner une erreur sur les baromètres, est environ onze lignes, soit sur la dilatation et condensation du verre ou du mercure, et sur la ligne de niveau qui était trop varié suivant les révolutions du poids de l'air qui est occasionné par le haussement et l'abaissement du mercure, et par une nouvelle construction pour obtenir la ligne de niveau du mercure qui est contenu dans les cuvettes, on est assuré que la ligne de niveau est toujours égale; si le mercure monte d'un pouce dans le tube, il déplaceroit un pouce de mercure dans la cuvette; et s'il descend à 27 pouces, il place un pouce de mercure dans la cuvette. Par ces deux preuves, la ligne de niveau ne doit pas se trouver la même; et si le mercure descend à 14 pouces quand on fait des expériences sur des montagnes fort élevées, il place 15 pouces de mercure dans la cuvette. Voilà ce qui occasionne une grande erreur pour les observations qui ont été faites par plusieurs observateurs qui ont mesuré la hauteur des montagnes, ou la pente des rivières et autres endroits, dont on a voulu réitérer les expériences; et par ma nouvelle invention, mes cuvettes peuvent avoir tout au plus un pouce ou 14 lignes de diamètre; si le tube avoit six lignes de diamètre, et que le mercure descendît à 14 pouces, on ne trouvera pas seulement un centième de ligne d'erreur, par rapport à la mécanique que l'auteur a construite, et les observateurs qui voudront faire des expériences avec exactitude, seront à même de ramener le niveau toujours à la même hauteur ; ainsi, il n'y aura ni calculs ; soit sur le niveau et sur la dilatation et condensation, soit sur le mercure ou le verre, par le moyen d'une table que l'auteur fera graver pour l'explication de chaque instrument, et qu'il remettra à ceux qui feront acquisition des instrumens; il est vrai que peut-être on pourra me faire une objection dans mon mémoire, soit que je ne me serai pas expliqué assez clairement, n'ayant pas les mots analogues aux termes de la physique : mais aussi j'ai les vrais moyens et les talens pour la construction des instrumens de physique expérimentale. Après trente ans de travail, je connais tous les défauts des instrumens par des expériences que j'en ai faites moi-même, et par les nouvelles machines que j'ai construites, et que j'ai eu l'honneur de présenter à l'académie, et des autres que j'ai fait annoncer dans les papiers publics; je pourrois citer la date des annonces, voyant que par mes nouvelles découvertes, j'ai été copié par des contrefacteurs qui se sont même permis de mettre mon nom et mes titres pour tromper le public; j'en puis donner des preuves, par des gens qui ont acquis des instrumens, croyant que ces instrumens étaient faits par moi.

Comme les académies sont les protectrices des arts et des sciences, de ceux qui se donnent la peine de faire des découvertes utiles à l'état, l'auteur supplie l'académie de vouloir bien le favoriser pour un privilége exclusif de l'espace de dix ans, pour la construction et la

nouvelle méthode de ses nouveaux baromètres, afin que l'auteur puisse tirer quelques
fruits de ses travaux par plusieurs découvertes qui lui ont été très-coûteuses, et dont
il n'a retiré aucun bénéfice. On pourra lui
faire une objection pour le privilége, que
n'étant que lui seul en France, constructeur
de ses machines, il voudrait peut-être en re-
tirer un prix exorbitant ; mais non, l'auteur
n'est pas dans ce cas, car aujourd'hui l'on
cherche les instrumens qui sont d'un bas prix ;
on ne regarde pas à la bonté de l'instrument :
mais pour des machines aussi essentielles
que les siennes pour faire des observations
comparables, ces instrumens ne doivent être
pratiqués que par des hommes de science,
qui connoîtront la valeur du prix de l'instrument, car il se trouve plus d'amateurs que de
connoisseurs. Les propositions qu'il fait à
l'académie sont de vouloir bien le favoriser
pour obtenir une récompense ou une pension
du gouvernement, pour empêcher les contrefacteurs de n'admettre aucunes personnes dans
l'erreur, et pour que les instrumens ne soient
pas contrefaits, il en restera deux à l'académie, un d'une façon et l'autre de l'autre ;
savoir un à cuvette de la nouvelle méthode
de l'auteur, et un à boule recourbée de sa
nouvelle méthode, et tous les instrumens qui
seront faits par lui-même, seront confrontés
avec les deux qui seront à l'académie, qui y
demeureront avec un cachet ou bien une

griffe qu'il plaira à l'académie d'admettre.
Ceux qui seront faits pour faire des observations météorologiques, auront les mêmes
marques de ceux qui sont à l'académie. Si
l'académie trouve que c'est une borne pour
les artistes en obtenant un privilége, il faut
donc que les artistes qui ont sacrifié leur jeunesse à des recherches aussi utiles à l'état,
soient récompensés par une pension ou par
quelque gratification qui soit analogue à ses
découvertes, car les inventeurs qui ont le
plus de sciences, se ruinent en faisant des
découvertes; et les contrefacteurs qui n'ont
aucune peine pour copier les inventions,
s'enrichissent aux dépens des travaux de
l'inventeur.

J'ai présenté à l'académie des sciences un
thermomètre pour les bains, et un baromètre
marin. Voici le rapport des commissaires
chargés par l'académie, copié littéralement.

Extrait des registres de l'académie des sciences, du 3 août 1771.

Nous avons examiné, par ordre de l'académie, un baromètre et un thermomètre présentés par le sieur *Perricat*, constructeur
d'instrumens de physique. Dans son baromètre
il a eu pour but d'obvier à la difficulté du
transport de cet instrument, sujet à se casser
par le choc du mercure dans le haut du tube,
quand on l'incline un peu brusquement. Le
même accident est à craindre sur mer, par les

secousses subites que causent le roulis et le tangage, sur-tout aux petits bâtimens. Il a remédié
à cet inconvénient, en ajoutant, dans l'inté-
rieur du tube, une pièce qui amortit la vio-
lence du choc du mercure, et l'empêche de
heurter rudement le haut du tube. Il nous a
communiqué sa construction, nous priant
de la tenir secrète, sous le bon plaisir de
l'académie.

Quant au thermomètre, il s'est proposé
particulièrement d'en rendre l'usage plus
commode, sur-tout pour les bains, en aug-
mentant la sensibilité de cet instrument. Les
thermomètres, dont on se sert ordinairement
pour mesurer le degré de chaleur des bains,
sont renfermés dans un cylindre de verre, et
ne peuvent prendre le degré de la température, soit de l'air auquel on les expose, soit de
l'eau dans laquelle on ne les plonge qu'après
que le cylindre de verre qui les contient, a
reçu cette température, et qu'il l'a commu-
niquée au tube qu'il renferme, ce qui demande environ une demi-heure de tems. Le
tube du thermomètre qui nous a été présenté,
est bien renfermé aussi dans un cylindre de
verre ; mais la boule ou le réservoir qui contient la liqueur, sort du cylindre, et pour
augmenter encore la sensibilité de l'instrument, le sieur Perricat, au lieu de terminer
le tube en boule, prolonge la partie inférieure
du tube en spirale, en lui donnant la forme
d'un pain de bougie, artifice déjà connu.

Cette forme, en exposant une grande surface à l'action de l'air ou du liquide ambiant, donne une telle sensibilité au thermomètre, qu'en plongeant dans l'eau chaude deux de ces instrumens à esprit-de-vin, qui marquoient l'un et l'autre 20 degrés au-dessus de la glace artificielle, selon la graduation de Réaumur, celui de la nouvelle construction, a monté de 5o en un quart de minute, tandis que l'autre n'étoit pas encore monté de 10 degrés, et le premier en moins d'une minute redescendoit déjà sensiblement, parce que l'eau commençoit à perdre sa chaleur. Il y a eu la même différence dans les progrès de la marche des deux thermomètres, en les plongeant dans l'eau de puits. Enfin ils sont revenus, après un intervalle de demi-heure ou environ au 20ᵉ degré d'où ils étoient partis l'un et l'autre.

Nous estimons que le sieur Perricat a atteint le but qu'il s'est proposé dans la construction de ces deux instrumens. Celle du thermomètre avoit déjà été proposée à l'académie ; mais celle du baromètre nous a paru nouvelle et commode pour le transport, et par-là mériter l'approbation de l'académie. On a seulement à craindre que ces nouveaux baromètres soient plus difficiles à bien purger d'air que les autres.

Signé, DELACONDAMINE et DELALANDE.

Je certifie l'extrait ci-dessus conforme à son

original, et au jugement de l'académie, à Paris, le 16 août 1771.

Signé, Grandjean de Fouchy, *secrétaire perpétuel de l'académie des sciences.*

Postérieurement, et en l'année 1791, j'ai présenté à l'académie des sciences quatre baromètres de comparaison sur le nouveau principe. Voici également la copie littérale du rapport fait par les commissaires nommés à leur examen par l'académie.

Extrait des registres de l'Académie des Sciences, du 2 avril 1791.

Nous avons à rendre compte à l'académie, M. Leroi et moi, d'un mémoire et de deux baromètres de comparaison qui lui ont été présentés par Assier Perricat, ingénieur-constructeur d'instrumens de physique.

L'objet de ce mémoire est de fixer l'attention des savans sur un grand nombre de précautions à prendre dans la construction des baromètres, précautions dont dépend leur exactitude.

Tous les physiciens savent combien il est difficile d'arriver au point d'obtenir plusieurs baromètres dont la marche soit parfaitement comparable. Les différences qu'on observe, tiennent, suivant Perricat, à deux causes principales qui agissent séparément, mais dont les effets se compliquent de manière à ne présenter aucune loi générale qu'on puisse soumettre au calcul, ou déterminer d'avance; en sorte qu'on ne peut arriver à une précision rigoureuse, sans avoir formé une table de correction particulière pour chaque baromètre. Les détails dans lesquels nous allons entrer, feront disparoître ce que ce premier énoncé peut présenter d'obscur.

La manière de remplir les baromètres est une première cause des différences de hauteur à laquelle le mercure se soutient dans les différens baromètres. Il est beaucoup plus difficile qu'on ne pense de purger parfaitement d'air et d'humidité la partie supérieure du tube destinée à demeurer vide. Perricat prescrit à cet égard des précautions dont la saine physique indique le succès, et dont une longue expérience lui a fait connoître l'efficacité. Elles consistent 1°. à n'employer que du mercure parfaitement pur. 2°. à le faire bouillir dans des vases de verre à ce destinés avant de l'employer. 3°. à faire chauffer les tubes dans toute leur longueur sur des charbons ardens, jusqu'au point où ils sont prêts à se ramollir; à les remplir de mercure bouillant, lorsqu'ils sont échauffés à ce point, à y faire bouillir le mercure jusqu'à trois fois.

Lorsque les Tubes ont été remplis avec ces précautions, le mercure ne s'en détache pas quand on les retourne, et on est obligé de présenter à la partie supérieure un charbon ardent, et de souffler pour réduire en vapeur une petite portion du mercure; alors il se détache sur-le-champ, et la colonne se met en équilibre avec celle de l'atmosphère.

Mais une autre cause des différences qu'on observe dans la marche des baromètres, est l'effet que fait sur eux le changement de température. Quoique cette cause agisse sur tous d'une manière uniforme, elle produit des effets très-variés sur chacun d'eux en particulier. Perricat observe, à cet égard, que les effets de la chaleur sur le baromètre se trouvent modifiés par trois causes; 1°. la dilatation du mercure qui doit être la même dans tous les baromètres faits avec du mercure pur; 2°. la dilatation du verre qui se complique avec celle du mercure, et qui varie en raison de la qualité du verre. Assier Perricat auroit pu ajouter à ces deux causes d'incertitude, l'effet thermométrique et hydrométrique de toute la monture du baromètre.

Enfin, pour peu qu'il reste un peu d'air, de vapeur ou d'humidité dans la partie vide du tube, l'effet que produit la chaleur sur ces vapeurs, tend à faire baisser le mercure, tandis que la dilatation du mercure de la colonne tend à le faire monter, et ces deux causes se compliquent encore d'une manière tout-à-fait irrégulière; au point même que les baromètres négligemment faits, s'abaissent par l'augmentation de température, au lieu de s'élever.

Assier Perricat, auquel la pratique de son art a présenté toutes ces difficultés, en a con-

clu que le parti le plus sûr étoit de déterminer , par des expériences faites sur chaque baromètre en particulier, l'influence de toutes
ces causes d'erreur et de variation, et d'en
former des tables qui seroient jointes à chaque
baromètre. Les moyens d'exécution qu'il a
imaginés pour remplir cet objet, sont fort
ingénieux : mais il n'a exposé aux changemens de température, et n'a formé ses tables
que sur le baromètre détaché de sa monture.
Il est probable, qu'en formant alors des tables
de corrections pour chaque baromètre, on
parviendroit à leur donner une marche parfaitement comparable.

Ces détails suffisent pour donner une idée
du travail de Perricat. Il annonce une étude
approfondie de son art, les connoissances de
physique qui y sont relatives, beaucoup de
sagacité ; et nous croyons utile aux progrès
de la physique, qu'il le fasse imprimer.

Fait et arrêté au Louvre, le 2 avril 1791.
Signé, LEROY, LAVOISIER.

Je certifie le présent extrait conforme à
l'original et au jugement de l'académie, à
Paris, le 3 avril 1791. *Signé,* CONDORCET,
secrétaire perpétuel.

COPIE DE L'APPROBATION DE LA SOCIÉTÉ ROYALE DE MÉDECINE.

Extrait des registres de la Société royale de Médecine, du 3 juillet 1781.

Nous avons examiné, par ordre de la société royale de médecine, un thermomètre pour les bains, présenté par le sieur *Assier Perricat*, ingénieur et constructeur, pour le roi, d'instrumens de physique.

Le plus grand nombre des thermomètres dont on s'est servi jusqu'ici pour mesurer le degré de la chaleur des bains, sont renfermés dans un cylindre de verre assez épais, et ne peuvent prendre la température de l'eau dans laquelle on les plonge, qu'après que le cylindre de verre qui les renferme ou les contient s'est échauffé, et a transmis sa chaleur au tube qu'il renferme ; cet instrument, par sa lenteur et son défaut de sensibilité, a dû souvent tromper le médecin, et nuire beaucoup aux malades. Un nouveau thermomètre qui réuniroit le double avantage, celui d'être et plus commode et plus sensible, ne peut que satisfaire les gens de l'art ; tel est celui du sieur *Assier Perricat,* dont nous allons donner la description.

Ce thermomètre est, ainsi que celui dont nous venons de parler, renfermé dans un cylindre de verre; mais la boule ou le réservoir qui contient la liqueur, est en-dehors, et prend très·promptement la température du bain dans lequel on le plonge; il a de plus, à l'extrémité de la boule, un lest de mercure qui lui donne la facilité de se tenir verticalement lorsqu'on le met dans l'eau. La sensibilité de cet instrument est si grande, qu'en exposant deux de ses thermomètres dans de l'eau échauffée à 25 degrés, ils en ont pris, en moins de vingt secondes, la température; tandis que les autres à boule renfermée, n'avoient encore donné aucune marque d'ascension. Enfin lorsque ceux-ci ont commencé à monter, les autres avoient déjà descendu de plusieurs degrés, et jamais ils n'ont pu prendre la température du bain, car ils ont resté stationnaires à 23 degrés; ce qui prouve bien évidemment le défaut de ces instrumens, et leur irrégularité marquée dans l'usage qu'on en fait.

Pour rendre cet effet encore plus sensible, nous avons plongé trois thermomètres, tous à la même température, dont deux de la nouvelle construction, et l'autre de l'ancienne, dans de l'eau que nous avions fait chauffer à 40 degrés; en moins d'une minute, les deux premiers en avoient pris la température, tandis que l'autre étoit encore à 20 degrés; ce dernier est resté stationnaire à 34 degrés, et il lui a fallu trois minutes pour parvenir à ce terme.

Quoique le thermomètre que le sieur Assier Perricat a présenté, fût déjà en partie connu, nous croyons qu'il ne mérite pas moins les éloges et l'approbation de la société. Nous desirerions seulement que cet instrument, pour être plus à portée de tout le monde, fût moins cher, et nous ne doutons pas que le sieur Assier Perricat se conforme à nos vues sur cet objet.

Signé, LASSONE fils, CORNETTE et FOURCROY.

Je certifie que le présent extrait est conforme à l'original contenu dans les registres de la société royale de médecine, et au jugement de cette compagnie, qui en a entendu la lecture dans sa séance tenue au Louvre le 3 juillet 1781. *Signé*, VICQ d'AZIR,
Secrétaire perpétuel.

Copie du Brevet d'Ingénieur et constructeur pour le roi, d'instrumens de physique, qui exigent le travail du verre, pour le sieur Assier Perricat.

Aujourd'hui vingt-six juillet mil sept cent quatre-vingt, le roi étant à Versailles, bien informé de l'intelligence du sieur *Assier Perricat*, et de la supériorité de ses talens dans tout ce qui regarde les baromètres, les thermomètres et autres instrumens de ce genre, sa majesté a jugé à propos de lui accorder un titre qui, en faisant connoître la satisfaction qu'elle ressent des ouvrages de cet artiste, qui a eu l'honneur de travailler sous ses yeux, fassent en même tems connoître la bienveillance dont elle honore ceux qui se distinguent dans leur profession ; et à cet effet, sa majesté a accordé et accorde audit sieur Perricat, les titre et qualité d'ingénieur et constructeur, pour sa majesté, d'instrumens de physique qui exigent le travail du verre ; veut sa majesté qu'il puisse se qualifier dudit titre dans toutes les assemblées, et en tous actes publics et particuliers, tant en jugement que dehors, même de le faire inscrire sur son tableau, sans que pour raison de ce, il puisse en aucun cas, être troublé ni inquiété par qui que ce soit, et sous quelque prétexte que ce puisse être ; et pour assurance de sa volonté, sa majesté m'a commandé d'expédier le présent brevet qu'elle a signé de sa main, et fait contre-signer par moi, conseiller-secrétaire d'état, et de ses commandemens et finances; lequel brevet est *signé*, LOUIS, *et plus bas*, AMELOT.

Nous soussignés, membres de l'académie des sciences, certifions que le sieur *Assier Perricat*, ingénieur, constructeur de baromètres, thermomètres et autres instrumens de physique, s'occupe, depuis un grand nombre d'années, de perfectionner son art,

qu'il

qu'il a présenté à l'académie des sciences des objets qui y sont relatifs, et qui réunissent le mérite de l'invention et de l'exécution; qu'il a présenté, il y a environ cinq années, à l'académie, une description de son art, dont nous sommes commissaires, et dont nous aurions fait un rapport avantageux si nous n'avions été arrêtés par quelques incorrections de style que nous nous proposions de corriger, et qui n'ôtent rien, quant au fond, au mérite de l'ouvrage; en foi de quoi nous avons signé le présent certificat.

A Paris, ce 2 février 1791. LAVOISIER, LE ROY.

———————

Je soussigné certifie que le sieur Assier Perricat a travaillé pour moi à faire différens instrumens de verre très-difficiles, tels que des thermomètres à cylindre, avec la boule en-dehors, des pèse-liqueurs simples et des pèse-liqueurs contenant ensemble un thermomètre, lequel instrument sert de leste au pèse-liqueur; cet instrument est de si difficile exécution, qu'il n'a pu être fait par d'autres artistes que plusieurs années après. Il m'a fait en outre d'autres instrumens encore de plus difficile exécution, ce que je certifie véritable; en foi de quoi je signe le présent.

A Paris, le 2 février 1791. *Signé*, BAUMÉ, de l'académie des sciences.

C

Mémoire adressé à la Convention nationale, par Assier Perricat , Ingénieur , Constructeur d'Instrumens de Physique , expérimentale, en floréal an deuxième.

Citoyens,

L'exposant qui sait combien vous desirez acquérir des découvertes nécessaires au soulagement du peuple français, vient d'en faire une qui, par sa nature, est trop importante pour qu'il diffère d'un instant à vous la faire connoître ; comme c'est son amour pour sa patrie et ses concitoyens qui les lui ont procurées, il va vous démontrer physiquement que tous les aréomètres de l'ancien régime sont susceptibles d'un abus pernicieux pour les consommateurs qui ne connoissent pas tout ce que la mauvaise foi peut faire pour s'engraisser à leurs dépens.

Peut-être se trouvera-t-il des gens de l'art assez faux pour combattre les vérités qu'il vous soumet ; mais ceux-là ne peuvent être que des partisans du désordre et de tout ce qui peut ravir les secours du peuple. Fort de sa conscience et de votre équité, citoyens représentans , il espère que vous voudrez bien voir par vous-mêmes, si vos momens vous le permettent, et dans le cas contraire, de faire examiner très-scrupuleusement par des gens l'art , aussi purs qu'intègres , les observations qu'il vous trace ci-dessus, pour que vous puissiez prononcer sur un objet aussi important pour le salut de toute la République.

Comme l'exposant, citoyens représentans, est l'auteur de cette nouvelle découverte, il vous prie de vouloir bien vous rappeler qu'il en est nombre d'autres qui ne sont pas moins importantes que celles-ci ; il vous en a présenté un mémoire avec sa pétition , il y a environ dix-huit mois ; vous avez renvoyé le tout à un de vos comités, pour qu'il vous en fît un rapport; (c'étoit le citoyen Rome qui en étoit chargé) il devoit le faire : mais tout jusqu'ici a été oublié ; l'exposant ne doute pas d'un instant que ce ne soient les grands travaux dont vous êtes surchargés , qui en soient la cause ; dans la crainte que ces pièces ne soient plus présentées à vos yeux , il croit devoir vous en faire un nouveau détail.

1°. En 1755 il fut l'inventeur d'un nouveau baromètre, marquant du haut en bas ; ce fut Condamine et Tournière , académiciens, qui furent nommés commissaires vérificateurs.

2°. En 1757, il fut l'inventeur d'un pèseliqueur avec son thermomètre; cette invention fut annoncée dans le journal intitulé : l'*Auditeur.*

3°. En 1770, il fut l'inventeur d'un baromètre de terre et de mer ; ce furent les citoyens Condamine et Lalande, académiciens, qui furent nommés pour le vérifier; et le rapport en fut fait le 3 août 1771.

4°. En 1775, il fit la découverte du baromètre à niveau constant.

5°. En 1780, il fut l'inventeur du nouveau pèse-liqueur, portant son thermomètre à mercure.

6°. En 1781, il fut de même l'inventeur du thermomètre pour les bains, approuvé par l'académie royale de médecine, du 3 juillet 1781; sa sensibilité est si grande qu'en vingt secondes il prend la température dans les eaux, tandis que les autres n'ont donné aucunes marques d'ascension; la société de médecine lui a délivré des approbations, après les expériences faites.

7°. En 1784, il trouva la dilatation et la condensation pour rendre des baromètres comparables; ce furent les citoyens Leroy et Lariviere, académiciens, qui furent nommés pour les vérifier, et en firent le rapport le 3 avril 1791.

8°. Il fut l'inventeur d'un nouveau baromètre de sept pieds de hauteur, marquant de haut en bas, portant son niveau constant.

9°. Il fit dans la même année la découverte d'un baromètre pour marquer les toises perpendiculaires des aériens; le premier fut remis au citoyen Montgolfier, et les autres aux citoyens Robert frères, aériens, et plusieurs autres.

10°. En 1786, il fit la découverte d'un instrument qui a surpris les plus grands physiciens et académiciens ; cet instrument dont il est l'inventeur, a été approuvé par l'académie des sciences le 4 février 1791 ; il n'a que trente pouces de hauteur , et donne telle sensibilité que l'on veut ; il peut faire depuis six pieds jusqu'à quarante - deux pieds de mouvement ; cet instrument fut fait pour mesurer les hauteurs des montagnes , des mers , des pentes , des rivières. Cet ouvrage est resté inconnu , parce que la fortune de l'exposant ayant été affoiblie , il n'a pu en suivre toute l'efficacité , ni la faire connoître plus authentiquement au public.

Mémoire adressé à la Convention par Assier Perricat , *pour les constructions d'aréomètres , pour les rendre comparables , et démontrer la fausseté des anciens aréomètres , avec différentes expériences faites sur les eaux-de-vie spiritueuses , et le moyen de connoître la crystallisation des salpêtres. Elles ont été faites le 27 juillet 1788.*

Il faut se procurer des tubes de diverses grosseurs|, *Figure I*ere*.* , pour faire les premiers étalons ; il faut que la tige soit bien calibrée en toute sa longueur.

Premier pèse - liqueur universel.

Figure **A** qui dénote la grosseur de la boule, et **B** qui dénote le diamètre de la tige : il faut que la boule ait huit lignes de diamètre, et la tige quatre lignes de diamètre ; cette boule sert pour lester sur cinq pouces de longueur, la queue d'en bas trois pouces.

Il faut qu'il y ait une petite boule en bas de la tige ; la petite boule doit être de six lignes de diamètre ; cette boule sert pour lester le pèse-liqueur, en introduisant dedans du plomb ou du mercure ; ce leste sert pour faire tenir le pèse-liqueur droit, et on le laisse à volonté. En observant que ce pèse-liqueur est pour connoître les eaux saturées, et la concentration des eaux fortes, des acides vitrioliques et des eaux nitreuses. Il faut que le pèse-liqueur soit lesté quand vous le plongez dans l'eau distillée ; il doit sortir de l'eau d'un demi-pouce, et cela pour donner la facilité de sonder. Quand l'aréomètre ou pèse-liqueur réunit le principe que je donne tant de la boule que de la tige, l'instrument devient universel.

Deuxième construction de pèse-liqueur.

Pour faire un étalon, observez toujours que le tube soit calibré comme j'annonce ci-dessus ; il faut que la grosseur de la boule ait quatorze lignes de diamètre, et là tige trois lignes de diamètre ; la longueur de la tige doit être de cinq pouces, et la queue d'en bas doit avoir deux pouces de long. Ce second pèse-liqueur doit être lesté de manière à s'enfoncer dans l'eau douce, à deux lignes au-dessus de la boule. (*Voyez figure* C D.) Ce pèse liqueur est pour connoître la force des liqueurs spiritueuses.

TROISIÈME PÈSE-LIQUEUR.

La boule doit avoir 16 lignes de diamètre ; la tige doit avoir environ 3 à 4 lignes de diamètre et huit pouces de long ; ce pèse-liqueur est construit avec le thermomètre à mercure, et le leste d'en bas qui forme le thermomètre est un petit cylindre de quatre lignes de diamètre sur un pouce et demi de long, et par cette nouvelle construction on peut connoître de combien se dilate la liqueur du plus grand chaud au plus grand froid de nos climats ; cet instrument fut annoncé dans le Mémoire de Physique de l'abbé Rosier ; j'observe aux vendeurs et aux acheteurs que les esprits-de-vin ou eau-de-vie peuvent varier du plus grand chaud au plus grand froid de nos climats de 9 à 10 degrés. (*Voyez la table ou le tarif, dans ce mémoire.*)

Ce pèse-liqueur sert encore pour connoître de combien se dilatent et se condensent les liqueurs ; ce pèse-liqueur doit être lesté jusqu'au milieu de la tige , et par le principe que je donne il devient universel. Les degrés qui sont au-dessus de zéro, sont pour connoître les liqueurs spiritueuses ; les degrés qui sont au - dessous de zéro , sont pour connoître les eaux saturées. (*Voyez figures* E F.) Il faut regarder ce pèse-liqueur comme un chef-d'œuvre , car il est d'une très-grande utilité pour faire des expériences.

Perricat, auteur et inventeur de ce pèse-liqueur, le fit annoncer dans l'Almanach des négocians et autres, (*Voyez le même Almanach*), il fit annoncer plusieurs instrumens de son invention.

QUATRIÈME PÈSE - LIQUEUR

Pour connoître la qualité des vins.

La boule doit avoir 18 lignes de diamètre et la tige doit avoir une ligne et demie de diamètre , la longueur de la tige doit être de 4 à 5 pouces. (*Voyez figures* G H.) Le zéro doit être au milieu de la tige ; il doit y avoir des degrés au-dessus et au-dessous du zéro. Les degrés au - dessus sont pour connoître la qualité des vins spiritueux pour distiller l'eau-de-vie, et ceux au-dessous sont pour connoître les vins de liqueur.

Cinquième pèse - liqueur

Pour connoître la cuisson des sirops.

Le diamètre de la boule doit avoir 9 lignes, et la tige doit avoir 4 à 5 lignes de diamètre ; la longueur de la tige doit être de trois pouces. (*Voyez figures* I J.) La cuisson des sirops doit se trouver au trente-deuxième degré, et par ce moyen on peut garder les sirops autant que l'on voudra, tant sur mer que sur terre. Ce pèse-liqueur a été fait par le citoyen *Beaumé*.

Première Observation

Pour faire les pèse-liqueurs comparables, pour connoître la richesse des eaux saturées, celle des eaux salpétrées, et connoître la concentration des acides vitrioliques et leur richesse.

Il faut se procurer dix livres de sel ordinaire que vous ferez bouillir dans vingt livres d'eau, et quand votre eau commencera à bouillir, vous l'ôterez de dessus le feu, et vous mettrez vos dix livres de sel dans l'eau, (environ vingt livres), qu'il soit suffisant pour fondre la quantité de sel, et vous le tirerez dans une grande cruche, et vous laisserez votre eau s'éclaircir pendant vingt-quatre heures ; cette eau doit devenir claire comme de l'eau de roche et tirant sur le verdâtre ; vous tirerez l'eau qui sera clarifiée , vous la ferez bouillir une seconde fois, et vous attendrez l'évaporation de l'eau jusqu'à ce que vous vous aperceviez que le sel soit blanc comme la neige ; le même sel vous le mettrez dans une poële que vous mettrez sur le charbon , afin de faire évaporer l'eau qui reste dans le sel étant bien sec.

Deuxième Observation.

Il faut avoir de l'eau distillée ; vous prenez trois livres d'eau distillée , qui font 80 onces ; vous prenez de votre sel que vous préparez et dépouillez de la partie terreuse ; vous en mettez 10 onces que vous laissez fondre , comme je viens de vous l'indiquer, dans un vase rempli d'eau distillée ; quand le pèse-liqueur est dans l'eau distillée contenue dans le vase de verre , vous plongez votre aréomètre ou pèse-liqueur ; cela est le second point pour faire la graduation de votre instrument ; le premier point doit être pris dans l'eau distillée douce qui est la première base de votre échelle de division ; vous aurez un second vase rempli de l'eau saturée dont j'ai parlé, qui est composée de g H d'eau et 10 onces de sel purifié : vous remarquerez, quand votre pèse liqueur s'enfonce, qu'il n'y ait pas de vacillations. Premier point dans l'eau distillée ; second point pris dans l'eau

saturée d'un point .à l'autre de 10 degrés ;
c'est la première base pour faire un pèse-
liqueur très-comparable ; au second vous le
divisez en dix parties égales ; cela dénote
qu'il y a dix onces de sel dans cinq livres
d'eau.

TROISIÈME OBSERVATION.

Vous reprenez cinq onces de votre sel
préparé que vous remettez dans votre eau ,
où étoient contenues 10 onces de sel , et cela
forme 15 onces de sel sur 80 onces d'eau.
Vous aurez un troisième vase que vous
remplirez de cette eau ; vous plongerez votre
pèse - liqueur dedans , vous marquerez un
troisième point , et vous le diviserez en cinq
parties égales.

QUATRIÈME OBSERVATION.

Vous reprenez encore cinq onces de votre
sel préparé que vous remettrez dans vos 80
onces d'eau ; vous aurez un quatrième vase
que vous remplirez de votre eau ; vous plongerez votre pèse - liqueur dedans , et vous
marquerez un quatrième point ; vous diviserez du troisième point au quatrième en
cinq degrés ; vous continuerez votre division
jusqu'à la fin de la longueur du papier qui
doit entrer dans la tige du pèse-liqueur. Ce
pèse-liqueur, selon la méthode que je donne,
doit au moins porter 70 à 75 degrés ; par

ce moyen l'instrument devient universel, tant pour connoître les acides les plus concentrés, que les eaux salpétrées.

Cinquième Observation

Pour faire les étalons des pèse-liqueurs qui doivent servir pour faire les autres comparables.

Je fais observer aux amateurs et autres qui voudront en faire ou en faire faire, qu'il faut avoir égard à la température; c'est la chose la plus essentielle : il faut avoir de l'eau de puits et y mettre votre vase qui est rempli des eaux ou esprits-de-vin ; ce vase contenant de l'esprit-de-vin doit être plongé dans l'eau de puits pour obtenir la température ; vous plongerez un thermomètre dans votre vase ; vous aurez le soin qu'il soit au tempéré ; et pour obtenir toujours la même température, vous changerez, en diverses fois, votre eau jusqu'à ce que vos points soient pris sur la tige de votre pèse-liqueur pour faire l'échelle de votre instrument.

Sixième Observation

Pour faire les pèse-liqueurs, pour connoître les degrés des eaux-de-vie ou des esprits-de-vin ou leur qualité.

Ce pèse-liqueur doit être divisé dans un

autre sens, et pour faire la division de ce nouveau pèse liqueur, je vais développer le principe.

1°. Il faut avoir de l'eau à 10 degrés de saturation que je vous ai indiquée ci-dessus.

2°. Il faut avoir deux vases, l'un rempli de l'eau à 10 degrés, et l'autre rempli de l'eau distillée ; vous plongerez votre pèse-liqueur dans l'eau de 10 degrés, et vous aurez le soin de marquer à l'endroit que s'arrête votre pèse-liqueur, vous mettrez un point sur la tige, et le retirerez de l'eau à dix degrés, le plongerez dans l'eau distillée où il s'arrêtera ; vous marquerez au second point, l'eau distillée de notre zéro ; l'eau à 10 degrés saturée d'un point à l'autre ; vous la diviserez en dix parties égales. (*Voyez cinquième figure marquée* C D.) L'échelle de Beaumé commence par zéro en bas et environ un pouce au-dessus de la boulle, est marqué 10 degrés ; c'est - là le grand défaut des aréomètres pour les eaux-de-vie ou esprit-de-vin ; la division doit commencer par 10 degrés en bas, et l'eau distillée doit commencer par zéro, et par ce principe on pourra connoître la quantité d'eau qui est mêlée dans les eaux-de-vie ou esprit-de-vin ; par ce principe on aura un vrai pèse-liqueur pour peser les eaux-de-vie et esprit-de-vin , pour connoître la fraude des gens de mauvaise foi.

Il faut que la division du pèse-liqueur ait

au moins 3o degrés pour peser les esprits-de-vin les plus raréfiés, observant qu'il faut qu'il y ait toujours un papier roulé pour prendre les points de la manière ci - dessus indiquée ; ce papier est pour faire le poids du papier qui doit porter la division.

Je fais observer aux amateurs qu'on peut construire des aréomètres ou pèse-liqueurs aussi sensibles que l'on veut, cela dépend de la boule ; plus la boule est grosse , plus elle donne de sensibilité à l'instrument. J'ai construit des pèse - liqueurs , dont chaque degré avoit un pouce ; chaque pouce peut être divisé en douze parties ; on se procure une tige de 36 pouces de hauteur et la boule de trois pouces de diamètre , l'instrument étant d'une sensibilité, ainsi que je l'annonce, et mettant cet instrument dans l'eau-de-vie ou esprit-de-vin ou autres liqueurs quelconques pour connoître les dégrés , je fais observer que vous prenez quatre pintes d'eau-de-vie, environ un demi-septier d'eau , et en plongeant votre instrument dans cette liqueur, vous verrez une variation d'environ un pouce ; en renversant un autre demi-septier d'eau vous remarquerez à quel degré votre pèse-liqueur s'est enfoncé, et remarquerez que vous verrez encore environ un pouce de variation.

Pour faire ces expériences, j'ai fait construire une boëte de 36 pouces de long et environ 3 pouces de large. Les personnes qui voudront répéter les expériences que j'ai faites sur différentes qualités d'eau-de-vie et esprit-de-vin les trouveront en la table ou tarif joint au mémoire.

OBSERVATIONS.

Quoique les tubes de pèse-liqueurs ne soient pas calibrés, je vais vous indiquer la manière de les rendre comparables; il faut avoir diverses qualités d'esprit-de-vin ou eau-de-vie; vous prenez votre étalon, et vous avez plusieurs vases.

Ier. ARTICLE.

Dont un vase que vous remplissez d'eau douce, et l'autre d'esprit-de-vin le plus raréfié, votre arréomètre doit s'enfoncer au moins à 36 degrés à la température du thermomètre; vous prenez un demi-septier de cet esprit-de-vin, et trois demi-septiers d'eau que vous mêlez ensemble, et vous aurez un troisième vase où vous mettrez ce mélange; et vous plongerez votre étalon dedans, et vous remarquerez le degré de ce mélange; vous avez marqué le premier point sur votre tige dans l'eau distillée, et vous marquerez un second point. Vous reprenez un autre demi-septier d'esprit-de-vin, que vous mettrez dans votre mélange, et vous ferez la même opération de la manière indiquée ci-dessus; cela vous fera un troisième point;

vous reprendrez un troisième demi-septier d'esprit-de-vin que vous remettrez dans votre mélange, et vous ferez un quatrième point sur la tige de votre pèse-liqueur; vous prendrez un quatrième demi-septier d'esprit-de-vin que vous mettrez dans votre même mélange, cela vous fera un cinquième point sur la tige de votre pèse-liqueur; vous plongerez votre pèse-liqueur dans votre esprit-de-vin le plus rectifié qui étoit à 36 degrés à l'article premier, et vous plongerez votre étalon pour voir si l'esprit-de-vin n'a pas varié; vous mettrez votre pèse liqueur dans l'esprit-de-vin, vous marquerez le sixième, et vous diviserez suivant les différens degrés de votre mélange, et par ce moyen, vous ferez un pèse-liqueur comparable, quoique le tube de votre instrument ne soit pas calibré.

Je vous fais une observation; vous pouvez avoir un matras qui tienne quatre onces d'esprit-de-vin; dans ce matras, vous y verrez un petit tube marqué A; vous remplirez ce matras d'esprit-de-vin, et vous le mettrez au terme de la glace; vous aurez un second matras qui tienne quatre onces d'eau distillée, et votre matras étant rempli, vous le mettrez de même au terme de la glace, avec un petit point rouge; cette expérience est plus sûre que celle ci-dessus. Vous remettrez trois fois de l'eau dans votre matras, que vous viderez à mesure dans un vase; cela vous fera douze onces d'eau, et vous remettrez quatre onces
d'esprit-

d'esprit-de-vin que vous mélangerez dans vos douze onces d'eau , et vous .plongerez votre arréomètre dedans, et vous répéterez cette expérience cinq fois ; cela vous fera vingt onces d'esprit-de-vin sur douze onces d'eau. Vous mettrez l'esprit-de-vin le plus raréfié dans un vase, cela vous fera six pour votre seconde opération ; par ce principe vous parviendrez à faire des aréomètres très-comparables.

Je préviens d'avance sur l'observation qui pourroit m'être faite , parce que dans toutes les saisons on n'a pas de la glace : mais je vais vous indiquer un autre moyen ; on peut avoir de l'eau de puits à 10 degrés de température ou des caves ; vous ramenerez tous vos mélanges à 10 degrés de température du thermomètre , et cela vous feroit un pèse-liqueur comparable ; sans toutes ces précautions là , l'aréomètre devient défectueux. Je fais remarquer que si l'on faisoit un aréomètre dans un tems très-chaud ou un tems très-froid , cela vous feroit environ six degrés de différence à votre instrument.

Voyez la table ou le tarif fait d'après les expériences d'Assier Perricat.

Sur différents esprits-de-vin et eaux-de-vie , pour connoître leurs densités , le degré de force , et de combien de degrés ils augmentent ou diminuent suivant les différents degrés de température de notre atmosphère , au moyen d'un aréomètre ou pèse-liqueur fait

D

sur un nouveau principe infaillible pour connoître combien les esprits-de-vin et eaux-de-vie contiennent de parties d'eau dans chaque pinte, au moyen d'un nouvel aréomètre qui commence par zéro à l'eau distillée.

Comme les acheteurs et les vendeurs ne sont pas toujours assez instruits pour connoître les degrés des eaux-de-vie et esprits-de-vin, il est bon de les leur faire connoître par mon nouveau pèse-liqueur qui commence par zéro dans l'eau distillée; cela doit être la première base de l'échelle du pèse-liqueur.

Défaut des anciens aréomètres dont se servoient les ci-devant fermiers-généraux pour assaillir le peuple d'impositions.

Leurs aréomètres commençoient par 10 degrés; c'étoient donc 10 degrés qui ne devoient pas être comptés, vu que l'eau douce distillée ne contient aucun esprit ni autre partie hétérogène, et cependant on faisoit payer des impositions au peuple sur ces 10 degrés; aujourd'hui les fabricans d'eaux-de-vie et esprits-de-vin continuent de faire payer ces 10 degrés au peuple; il est donc de notre sagesse d'empêcher ces sortes de fraudes tant pour l'acheteur que pour le vendeur.

Une eau-de-vie qui pèse 18 degrés, n'a que 8 degrés pris à la température; une eau-de-vie qui a 17 degrés, n'en a que 7 ; une

eau-de-vie de 16 n'a que 6 degrés ; une eau-
de-vie de 15 n'en a que 5 ; il y en a qui en
vendent de 14, et qui n'en n'ont que 4 d'esprit-de-vin.

AVIS DE L'AUTEUR.

L'auteur se propose de laisser en exposition dans tous les tribunaux de commerce,
bourses et autres endroits de rassemblemens
commerciaux, un de ces aréomètres ou pèse-
liqueurs pour servir de pièce de comparaison, et mettre tous les amateurs qui en
feroient acquisition, à même d'en faire la
vérification, et pouvoir juger sainement
de la densité de toutes les liqueurs ; cet
instrument par sa justesse . deviendra
aussi utile qu'indispensable pour l'acheteur
comme pour le vendeur; cela obviera et
mettra fin à toutes les contestations qui s'é-
lèvent journellement à ce sujet dans cette
branche de commerce. Le dépôt fait de cet
instrument dans les tribunaux de commerce,
avec le mémoire instructif, deviendra très-
nécessaire aux juges, et les mettra à même de
rendre des jugemens plus équitables par la
connoissance qu'ils prendront des effets que
les différentes températures produisent sur
les liqueurs spiritueuses.

L'auteur observe que sous l'ancien régime
on se servoit d'un pèse-liqueur d'argent pour
percevoir les droits sur les esprits de-vin et
eaux-de-vie, mais que cet instrument n'a ja-

mais été juste, et qu'il a donné lieu à de grandes contestations ; il observe que ce défaut de justesse provient de la grande dilatation et condensation de la matière argent, et que l'aréomètre en verre n'est pas susceptible de ce défaut.

Il faut observer qu'étant obligé d'assurer le pèse-liqueur en argent lorsque l'on le retire de la liqueur, cela expose l'instrument à s'user par le frottement ; le verre est donc préférable pour ces sortes d'instrumens, puisqu'il n'est sujet à aucun de ces inconvéniens, sinon la casse. Sur les rapports qui ont été faits à la convention nationale le 14 brumaire de l'an III, ces instrumens ont été approuvés d'elle, de son comité d'instruction publique, et de l'académie des sciences ; il a même obtenu du gouvernement un brevet d'invention, en date du 4 août 1792.

Ce pèse-liqueur ou aréomètre a été perfectionné à un tel point par l'auteur, qu'il devient un instrument universel pour connoître la densité de toutes les liqueurs, et réunit à lui seul tous les avantages pour lesquels, avant cette invention, on étoit obligé d'avoir recours à cinq instrumens différens, et le pèse-liqueur universel que je propose pour le commerce n'a aucun des inconvéniens de celui en argent, cet instrument peut pèser tous les fluides quelconques. Il faut observer que chaque cinquième degré de température au thermomètre, vaut un degré d'augmentation au pèse-liqueur, et ainsi de suite.

MÉMOIRE

Des différentes découvertes qu'a fait l'auteur d'instrumens de son art , et plusieurs expériences par lui faites , principalement une qui doit intéresser la République.

Laquelle est pour faire , en trois jours , un million quatre-vingt-cinq mille livres de salpêtre.

L'autre est pour connoître de combien les esprits-de-vin et eaux-de-vie se dilatent et se condensent du plus grand chaud au plus grand froid de nos climats.

C'est à quoi les acheteurs et vendeurs doivent avoir égard , vu que l'esprit-de-vin se dilate du plus grand chaud au plus grand froid de 9 à 10 degrés.

A.	a.		B.
	Anciens pèse-liq.	Nouv. pèse-liq.	
Eau-de-vie.	12	2	Eau – de – vie
Eau-de-vie.	13	3	simple qui se vend
Eau-de vie.	14	4	ordinairement
Eau-de-vie.	15	5	dans le commerce.
Eau de-vie.	16	6	
Eau de-vie.	17	7	
Eau-de-vie.	18	8	
Eau de-vie.	19	9	Eau – de – vie
Eau-de-vie.	20	10	forte, qu'on ap-
Eau-de-vie.	21	11	pelle eau-de-vie double.
Esprit-de-vin.	22	12	
Esprit-de-vin. . , . .	23	13	
Esprit de-vin.	24	14	Esprit – de – vin
Esprit de-vin.	25	15	rectifié et eau-de-
Esprit de-vin.	26	16	vie , suivant le
Esprit-de vin.	27	17	tarif des fermiers-
Esprit-de-vin.	28	18	généraux , qui
Esprit-de-vin.	29	19	étoit pour mettre
Esprit-de-vin.	30	20	les impositions.
Esprit-de vin.	31	21	
Esprit de-vin.	32	22	
Esprit-de-vin.	33	23	
Esprit de vin.	34	24	Esprit – de – vin
Esprit-de-vin.	35	25	très-raréfié, qui est
Esprit-de-vin.	36	26	pour l'usage des
Esprit-de-vin.	37	27	vernis ou autres
Esprit-de-vin.	38	28	usages.

L'eau-de-vie à 20 degrés, n'en a que 10 d'esprit-de-vin.

PREUVE.

Observez que la première colonne marquée A, n'est qu'un mélange d'eau et d'esprit-de-vin, et la seconde d'esprit-de-vin, c'est ce qui doit se nommer esprit ; il seroit à desirer que le *maximum* fût fait sur ces deux colonnes ; la première, eau-de-vie simple ; la deuxième, eau-de-vie forte ; la troisième, eau-de-vie à épreuve d'Hollande ; la quatrième, esprit-de-vin ; en observant différens degrés des esprits-de-vin plus ou moins raréliés, alors nous pourrons avoir des esprits-de-vin, tandis que nous ne pouvons pas avoir : ceux très-essentiels tant pour les vernis que pour la construction du thermomètre et pour autres usages.

OBSERVATIONS.

Il y a cinq sortes d'eaux-de-vie qui se vendent dans le commerce.

PREMIÈRE QUALITÉ.

Eau-de-vie distillée du vin, qui est celle qui doit entrer dans le corps humain. Cette eau-de-vie doit avoir, 18 à 19, 20, 21, 22.

Voilà ce qu'on nomme eau-de-vie forte dans le commerce, selon le nouveau principe de l'aréomètre. Cette eau-de-vie n'a que 8 degrés d'esprit-de-vin. . . . . 8, 9, 10, 11, 12.

Eau-de-vie distillée de cidre et poirée. . . . . 17, 18, 19, 20, 21, 22.

Cette eau-de-vie est âcre et malfaisante pour le corps humain ; les commerçans n'ont pas d'égard si elle est bonne ou malfaisante. . . . . . . 7, 8, 9, 10, 11, 12.

Eau-de-vie de Genève. . . . . 17, 18, 19, 20, 21, 22.

Cette eau-de-vie est encore plus malfaisante pour le corps humain. . . . . 7, 8, 9, 10, 11, 12.

Eau-de-vie de Mélasse, encore très-malfaisante, car elle attaque les poumons et les foyes, et malgré cela elle est toujours vendue dans le commerce comme bonne eau-de-vie. . . . . 17, 18, 19, 20, 21, 22.

. . . . 7, 8, 9, 10, 11, 12.

Eau-de-vie de Bled ; cette eau-de-vie est très-bonne pour le corps humain. . . . . . . 17, 18, 19, 20, 21, 22.

. . . . 7, 8, 9, 10, 11, 12.

J'observe que l'on peut tirer de l'esprit-de-vin de toutes ces eaux-de-vie, selon l'ancien principe de l'aréomètre jusqu'à 56 degrés de rectification, et selon le nouveau principe de l'aréomètre, cet esprit-de-vin n'est que de 26 degrés, vu qu'il faut ôter les 10 degrés qui étoient le premier point de l'aréomètre, vu que le nouveau pèse-liqueur commence par zéro, et qu'il ôte tous les inconvéniens du commerce tant pour l'acheteur que pour le vendeur.

D 4

Je fais observer que les épiciers ne vendent pas d'eaux-de-vie naturelles, vu qu'elles sont falsifiées par un mélange, soit d'eau ou de poivre long ; c'est pour la rendre plus forte à la bouche ; ils ont des esprits-de-vin depuis 22 jusqu'à 36 ; cet esprit-de-vin est coupé par moitié, sur quatre pintes d'esprit-de-vin, quatre pintes d'eau ; voilà ce qu'on appelle 4 et 8 ; cela leur fait une eau-de-vie de 18 degrés, et cependant elle n'en a que 8. Ils prennent encore une pinte d'eau sur quatre pintes d'esprit-de-vin ; cela fait cinq pintes d'eau sur quatre pintes d'esprit ; ils nomment cela un $\frac{4}{5}$.

Autre mélange. Ils prennent trois pintes d'esprit-de-vin et quatre pintes d'eau ; ils nomment cela un $\frac{3}{7}$; d'autres font un mélange de vin blanc. Je vous fais observer que s'il n'y avoit que cela, cela ne seroit pas pernicieux pour le corps humain.

Tous les gens expérimentés dans cette partie, savent que l'alambique en distillant ne produit rien du coloris, et pour colorer cette eau-de-vie, c'est avec du saffran ou autres couleurs qui peuvent être très-malfaisantes pour le corps humain.

Il seroit donc à désirer pour la république que le *maximum* fût mis par progression des degrés des esprits-de-vin et des eaux-de-vie, et que ces esprits-de-vin et eaux-de-vie fussent toujours vendus à un degré de température, afin que le vendeur et l'acheteur ne soient pas trompés.

TABLE ou TARIF *des expérie[r] connoître leurs densités ou degré de force, en expériences sont faites avec un pèse-liqueur constré de chaleur au thermomètre augmente l'esprit-ze pris à 10 degrés au-dessous de la glace, et à*

QUALITÉS des ESPRITS-DE-VIN.		Combien le frquarantième degré de la glace, qunte l'enfoncement l'aréomètre ou onne douze degrés	
		10 degrés au— degrés d'augmen-—t-de-vin.	
Esprit-de-vin rectifié.	28 27 26 25	Esprit-de pris à zéro est le tern la glace.	
Esprit-de-vin du commerce, rectifié pris à 10 degrés de temperature.	24 23 22 21 20		
Eau-de-vie forte rectifiée, à preuve d'Hollande.	10 9 8 7 6	Eau-de prise à zé qui est le te de la glace	
Eau-de-vie simple, moitié eau et moi— tié esprit-de-vin.	5 4 3 2 1 0		

TABLE o[u]

Dilatation de l'eau distillée de la glace à l'eau bouillante.	e u re		
Eau saturée à 5 dégrés.	s		
Eau saturée à 10 degrés.		90 degrés de chaleur.	
Eau salpétrée.		50	
Eau salpétrée pour la cuisson et l'eau qu'il faut décanter.		57	

« Législateurs, par un de vos décrets, vous
» empêcherez toutes sortes de contraventions
» et toutes intrigues malfaisantes contre le
» peuple de bonne-foi.

» Je dépose trois aréomètres dans votre
» sein, avec le mémoire.

» Je demande, citoyens, qu'il soit nommé
» des commissaires - vérificateurs pour les
» eaux-de-vie et esprits-de-vin, afin de faire
» exécuter les décrets du *maximum*.

» Je désirerois, citoyens, être utile à la
» république, tant par mes découvertes que
» par mon civisme; c'est ce que doit faire
» un vrai républicain envers sa patrie, en
» mettant au jour ses découvertes ; car
» l'homme est mortel, mais la science est
» immortelle ».

Les vues nouvelles que contiennent ces
mémoires, furent accueillies dans le tems
par la convention nationale, qui chargea
son comité d'instruction publique, de lui en
faire un rapport ; ce rapport est tel que je
l'insère dans ce mémoire.

TABLE ou TARIF des expériences faites par *Assiér Perricat*, sur différents esprits-de-vin et eaux-de-vie; pour connoître leurs densités ou degré de force, en exposant les esprits-de-vin et eaux-de-vie à plusieurs degrés de température. Ces expériences sont faites avec un pèse-liqueur construit sur un nouveau principe, et un thermomètre à mercure. Chaque cinquième degré de chaleur au thermomètre augmente l'esprit-de-vin d'un degré : 50 degrés à l'esprit-de-vin rectifié, donne 12 degrés de différence pris à 10 degrés au-dessous de la glace, et à 40 au-dessus du terme de la glace.

QUALITÉS des ESPRITS-DE-VIN.	Combien le froid au-dessous du dixième degré du terme de la glace, qui est zéro, diminue l'enfoncement de l'aréomètre ou pèse-liqueur. (10 degrés au-dessous de zéro.)		Glace.		Dixième degré de température où toutes les liqueurs doivent être ramenées au thermomètre au mercure.	Combien la chaleur au-dessus du quarantième degré au-dessus du terme de la glace, augmente l'enfoncement de l'aréomètre ou pèse-liqueur, cela donne douze degrés à l'esprit-de-vin rectifié. (L'esprit-de-vin à 28 degrés, donne 12 degrés d'augmentation, ce qui fait 40 degrés à l'esprit-de-vin.)			
Esprit-de-vin rectifié.	28	Esprit-de-vin, pris à zéro, qui est le terme de la glace.	30	32	34	36	38	40	
	27		29	31	33	35	37	39	
	26		28	30	32	34	36	38	
	25		27	29	31	33	35	37	
Esprit-de-vin du commerce, rectifié pris à 10 degrés de température.	24		26	28	30	32	34	36	
	23		25	27	29	31	33	35	
	22		24	26	28	30	32	34	
	21		23	25	27	29	31	33	
	20		22	24	26	28	30	32	
Eau-de-vie forte rectifiée, à preuve d'Hollande.	10	Eau-de-vie prise à zéro, qui est le terme de la glace.	11	12	13	14	15	16	
	9		10	11	12	13	14	15	
	8		9	10	11	12	13	14	
	7		8	9	10	11	12	13	
	6		7	8	9	10	11	12	
	5		6	7	8	9	10	11	
Eau-de-vie simple, moitié eau et moitié esprit-de-vin.	4		5	6	7	8	9	10	
	3		4	5	6	7	8	9	
	2		3	4	5		7		
	1		2 foible.	3 fort.		5 foible.			
	0		1	2	3	4	5		

TABLE ou TARIF sur diverses eaux distillées et autres eaux saturées et nitreuses.

Dilatation de l'eau distillée de la glace à l'eau bouillante.	0	1	2	3	4	5	80 degrés de chaleur au thermomètre à mercure.	
Eau saturée à 5 dégrés.	0	1	2	3	4	5 et ½	85 degrés de chaleur.	
Eau saturée à 10 degrés.	0	1	2	3	4	5	6	90 degrés de chaleur.
Eau salpêtrée.	43	44	45	46	47	48	49	50
Eau salpêtrée pour la cuisson et l'eau qu'il faut décanter.	50	51	52	53	54	55	56	57

Manière de faire le Rouge.

Vous prenez gros comme une noix de gomme arabique, que vous ferez fondre dans un quart de verre d'eau, jusqu'à ce qu'il soit dissout ; vous prendrez du vermillon que vous mettrez dans le verre, et vous amincirez une allumette bien fine pour faire les points. Il faut que le point soit petit comme la tête d'un camion, et plus petit si cela se peut ; plus ils sont petits, meilleurs ils sont sur la tige du pèse-liqueur.

Autre moyen.

On peut avoir de la soie ou du fil très-fin ; vous pourrez avoir de la cire blanche ou verte, vous frotterez votre fil avec, cela vous peut servir de même pour marquer les distances des variations de votre pèse-liqueur sur la tige pour faire votre division ; vous cirez votre fil, c'est pour empêcher qu'il ne coule sur la tige de votre pèse-liqueur.

Vous aurez le soin d'avoir tous les ustensiles qui doivent servir à vos opérations, et principalement un bon thermomètre ; c'est l'essentiel pour avoir toujours les degrés de température.

L'auteur a des mémoires sur la construction des aréomètres, baromètres et thermomètres, pour les rendre comparables. Il a obtenu des approbations de l'académie des

sciences ; l'auteur a un ouvrage de trente ans
de travail sur la construction des baromètres,
thermomètres et autres instrumens de physique expérimentale : il ne l'a pas mis au jour,
vu que ses moyens ne lui ont point permis ;
il faudroit au moins cent louis pour faire la
gravure ; il seroit à desirer, pour la république, que cet ouvrage fût mis au jour ;
étant mort, personne ne seroit en état de le
faire ; tout ce qu'il désireroit pour le bien de
la république, ce seroit de faire un assorti-
ment de divers instruments de son art, afin
que tous les artistes pussent en faire de semblables ; son désir seroit de déposer tous ces
instrumens au Licée des arts ou à la Convention. Il a tout à espérer que la Convention ne
laissera pas dans le néant, des choses aussi
utiles, qui doivent faire la gloire de la République, et une branche de commerce dont
on pourra tirer parti, vu que toutes les puis-
sances étrangères voudront se procurer de
ces instrumens. Ces choses ne peuvent se
faire que par nos représentans, vu que l'artiste s'est ruiné pour faire ces découvertes,
et a sacrifié sa jeunesse pour être utile à sa
patrie, tel qu'il continuera tant que son âge
le lui permettra.

Je laisse ce mémoire à nos représentans
soit pour en disposer à leur volonté, soit pour
le faire imprimer et distribuer dans toute
l'étendue de la république.

Mémoire pour la cuite et crystallisation des salpêtres, par Assier Perricat *père, ingénieur, breveté pour la construction des instrumens de physique.*

Observations aux Salpêtriers.

Les démonstrateurs n'avoient point fait observer à nos élèves des départemens qu'il y avoit deux principes d'aréomètres ; savoir, l'un fait sur 85 livres d'eau et 10 livres de sel, voilà le principe de Beaumé.

L'autre principe est que sur 100 livres d'eau il y a 10 livres de sel. Il a été inventé par Assier Perricat père.

Ce nouveau principe ne fut pas assez connu par les démonstrateurs, parce qu'ils n'en avoient pas conçu l'utilité. On observe que les degrés de cette graduation vont en diminuant suivant la densité des liqueurs saturées et que le pèse-liqueur déplace plus ou moins de volume de liqueur ou pouce cube à mesure qu'il s'élève dans les liqueurs les plus concentrées, comme les acides vi-trioliques et dans les eaux des cuites des salpêtres les plus rapprochées, quand ils sont à la fin de la cuite ; cette découverte fut annoncée en septembre 1788 dans les papiers publics, par Valet, de concert avec Assier Perricat. Depuis ce tems-là la régie a suivi ce principe pour connoître les degrés des eaux salpêtrées, ou les liqueurs saturées. De-

TABLE *sur la Progression des Eaux salpétrées mises en ébullition ou en évaporation, et pour obtenir, avec plus de facilité et d'abondance, le crystal du salpétre, avec un nouveau principe qui n'a pas encore été mis en usage parmi les fabricans des salpétres ; ces expériences ont été faites le 29 floréal an II.*

INDICATION des degrés de chaleur des eaux salpêtrées.	DEGRÉS servant de comparaison.	PRINCIPE de degrés.		OBSERVATIONS
Selon le principe de Beaumé donnoit. . .	24 degrés.	princ. de 101	32 dég. $\frac{1}{2}$	J'observe que ces expérie ces ont été faites dans les eaux salpêtrées et bouil-lantes, et le ther-momètre plongé dans la chaudière pour connoître les plus grands degrés de chaleur, des rapprochemens des eaux, jusqu'au mo-ment du décantage.
Degrés de chaleur, l'eau à.	85 chaleur.	princ. de 101	39 d.	
Un quart d'heure après il donnoit. . .	86 chaleur.			
Il donnoit dans l'eau de cuitte. . . .	3o degrés.	princ. de 101	39 d.	
Condensation ramenée à la température. .	35 d.	princ. de 101	45 d.	
Degrés de chaleur.	88 d.			
Degrés de concentration de l'eau. . .	37 d. $\frac{1}{2}$	princ. de 101	48 d.	
La concentration de l'eau de cuitte ramenée au tempéré, donnoit.	42 d. $\frac{1}{2}$	princ. de 101	53 d.	
REMARQUE AUX SALPÊTRIERS.				
C'est – là que le crystal commence à se faire.				
A ce degré de chaleur qui donnoit 88 degrés.	37 d. $\frac{1}{2}$			L'aréomètre ou pèse-liqueur a été plongé dans la même eau bouillante à plusieurs reprises, pour connoître les degrés de concen-tration, jusqu'au moment du décan-tage.
Et a ensuite ramené la liqueur au terme de température.				
Chaleur de l'eau salpêtrée.	89 d.			
Degrés de l'eau concentrée à l'aréomètre.	40 d.	princ. de 101	52 d.	
Ramenée à la température.	45 d.	princ. de 101	58 d.	
Chaleur de l'eau de cuitte.	91 d.			
L'eau de cuitte a donné à l'aréomètre. .	43 d.	princ. de 101	55 d.	
La liqueur ramenée à la température, a donné.	48 d.	princ. de 101	59 d.	
Degrés de chaleur de l'eau de cuitte. . .	92 d.			
L'aréomètre indiquoit dans l'eau de cuitte..	46 d.	princ. de 101	54 d.	
La liqueur ramenée à la température, a donné.	51 d.	princ. de 101	58 d.	
Degrés de chaleur de l'eau de cuitte. . .	95 d.			
La liqueur ramenée à la température, a donné.	5o d.	princ. de 101	65 d.	
La liqueur ramenée à la température, a donné.	55 d.	princ. de 101	71 d.	
Chaleur des eaux mises en évaporation la plus concentrée pour la crystallisation. .	100 d.			
Et 55 degrés à l'aréomètre.	55 d.	princ. de 101	71 d.	
La liqueur étant ramenée au tempéré, donne.	61 d.	princ. de 101	78 d.	

puis un décret de la Convention, la régie lui a fait faire une grande quantité de pèse-liqueurs qu'il a fournis, soit aux élèves de Paris, soit à ceux des Départemens, après leur avoir fait connoître la manière de s'en servir, leur égalité, comparaison et utilité pour la fabrication des salpêtres. Il est bon d'observer à toutes les personnes qui font usage des aréomètres ou pèse-liqueurs, que quand on plonge l'aréomètre dans les liqueurs saturées ou autres liqueurs chargées de parties acides, moins le pèse-liqueur s'enfonce dans les liqueurs, plus les eaux sont riches ; s'il s'enfonce à 5 degrés, cela dénote qu'il y a 5 livres de sel sur 85 livres d'eau ; s'il s'élève à 10 degrés, il dénote qu'il y a 10 livres de sel ; s'il s'élève à 15 degrés, il dénote qu'.l y a 15 livres de sel ou autres parties nitreuses ou sel marin, selon le principe de Beaumé.

Quand l'aréomètre, selon le principe de Perricat, s'enfonce et indique 10 degrés, celui de Beaumé n'en indique que $8\frac{1}{2}$. Cet exemple suffit assez pour démontrer la différence des deux principes à ceux qui en font usage ; le pèse - liqueur a deux échelles à côté ; cette différence de l'autre qu'Assier Perricat a construit, en est une preuve évidente. Il ne s'est pas contenté d'avoir fait simplement cet instrument pour le porter à un plus haut degré de perfection. Il y a adapté le thermomètre à mercure pour s'assurer des degrés de condensation, dilatation

des liqueurs, des températures et des cha-
leurs les plus opiniâtres des salpêtres inconnus
jusqu'alors et obtenir plus promptement la
crystallisation.

*Expérience faite le vingt - sept janvier
1787, par* A s s i e r P e r r i c a t, *qui
l'a renouvelé, ainsi qu'il résulte des
rapports des commissions des sections
de la Réunion et de la Halle aux Bleds;
Sur lesquels rapports et au vu des salpêtres produits par son procédé, le comité de Salut public chargea la commission d'Instruction publique d'en faire
son rapport, ce qu'elle fit le 4 brumaire
an 3, et dont il donnera communication
aux curieux s'ils le desirent et s'ils en
doutent.*

Il peut fabriquer du salpêtre en vingt-
quatre heures, par un nouveau procédé.

On prend cent livres d'eau du premier lessi-
vage des terres salpêtrées des caves, cette eau
étant portée à 10 degrés du pèse-liqueur, on
verse cette eau dans une chaudière, et on la
met en ébullition; on plonge ensuite un
thermomètre à mercure dedans, le mercure
s'élève à 95 degrés de chaleur; après on met
l'aréomètre dans la même eau de cuitte, et
il indique 50 degrés. Ayant versé l'eau la
plus rapprochée dans un autre vase, qu'on
plonge dans un sceau rempli de glace, dans
laquelle on met trois livres de sel pour faire

un froid artificiel, le mercure du thermomètre donne un froid à 15 degrés au-dessous
de la glace (toujours le thermomètre et
aréomètre plongés dans la même eau), une
demi-heure après on s'aperçoit que le pèse-
liqueur indique 57 degrés; il est bon d'observer que cette liqueur se condense et se dilate
de 7 degrés, du terme de son eau bouillante
qui est 95 degrés et de 15 degrés au-dessous
du terme de la glace, et on laisse égoutter
l'eau mère; on pèse le salpêtre et l'on obtient
environ 7 à 8 livres de salpêtre.

OBSERVATION TRÈS-MAJEURE.

*Dans l'hiver on peut fabriquer plus que
dans l'été, vu que les salpêtres se déga-
gent de l'eau salpétrée avec plus de précipitation.*

LÉGISLATEURS,

Vous savez qu'il y a 85 mille districts dans
la république, et il n'y a pas de district qui
n'ait un chaudron avec lequel on ne puisse
faire 7 à 8 livres de salpêtre chaque vingt-
quatre heures, ce qui feroit 360 mille livres
pesant, et en trois jours un million quatre-
vingt mille livres; sous ce seul rapport il est
donc prouvé qu'en cas de nécessité, la répu-

blique aura des ressources intarissables pour foudroyer tous les tyrans de l'Univers.

Avant tous les principes nouveaux, tous les salpêtriers se servoient pour connoître la cuitte ou le moment du décantage des eaux les plus rapprochées, du coupage qui indiquoit l'heure de la cuitte; ce coupage se faisoit en prenant un demi-septier d'eau de cuitte mise en évaporation, et un demi-septier d'eau douce que l'on mêloit ensemble, et on plongeoit le pèse liqueur dans ce mélange; on regardoit le degré que le pèse liqueur indiquoit, et si le pèse liqueur indiquoit 40 degrés, beaucoup de salpêtriers prétendoient que leur cuitte étoit faite. Il y avoit encore un plus grand inconvénient; il y en avoit qui coupoient les eaux avec trois demi-septiers d'eau douce, sur un demi-septier d'au de cuitte, et plongoient l'aréomètre dedans; si l'aréomètre indiquoit 20 degrés suivant leur système, ils jugeoient que leur cuitte étoit à 80 degrés de concentration.

Autre procédé dont on usoit avant sa découverte.

Prenez de l'eau salpêtrée à 40 degrés, et pesez-en deux livres avec deux livres d'eau douce, ce mélange fait et au degré de température, plongez-y votre pèse-liqueur, vous verrez que votre pèse-liqueur doit vous indiquer 20 degrés, suivant le principe des démonstrateurs.

Rien

Rien de plus faux que ce principe.

Par des expériences que j'ai faites et d'autres, il est prouvé le contraire des procédés ci-dessus, qui ont induit nos élèves dans de grandes erreurs par le coupage d'eau, ne connoissant pas celui d'Assier Perricat.

La preuve la voici :

Il a pesé l'eau mère, l'aréomètre de Beaumé indiquoit. . . . . 54 deg.

Celui d'Assier Perricat selon 101, donnoit. . . . . 72 deg. $\frac{3}{4}$.

Coupées par moitié, une livre d'eau douce distillée, et une livre d'eau mère, l'aréomètre qui donnoit 54,

Donne selon Beaumé. 35

Et selon 101. 45

Deux livres d'eau douce sur une livre d'eau mère, l'aréomètre donne, selon Beaumé. 23

Et selon 101. 30

Trois livres d'eau douce distillée, sur une livre de la même eau mère, selon Beaumé. 18

Et selon 101 de Perricat. 25

Expériences faites.

Une livre d'eau saturée à 40 degrés, selon Beaumé. 40

Et selon 101, donne. 50

Coupées par moitié une livre d'eau

E

douce et une livre d'eau saturée, ce
mélange fait, l'aréomètre a donné,
selon Beaumé. 26

Et selon 101 Perricat. 33

Prenant une livre d'eau, la mettant dans le même mélange, l'aréomètre s'est enfoncé, selon Beaumé,
à. 21

Et selon 101, à. 28

Quatre livres d'eau distillée et une
livre d'eau mère, l'aréomètre s'enfonce, selon Beaumé, à. 18

Et selon 101 de Perricat, à. . . . 24 $\frac{1}{4}$.

────────────

D'après les exemples comparatifs des degrés
donnés ci-dessus, pour les coupages des eaux
prises au degré de température selon le pèse-
liqueur, on voit qu'on ne pouvoit pas connoître les degrés de cuitte et de crystallisation;
ainsi il n'y a que le moyen que je propose
pour la connoître.

Voici le moyen.

Il faut avoir un pèse-liqueur qui soit bien
divisé suivant la densité des liqueurs, et un
thermomètre à mercure qui porte 110 degrés
au-dessus de la glace, et cela pour ramener
toutes vos liqueurs à la même température.

Observation.

Vous me demanderez, peut-être, d'où viennent tous ces différens degrés de coupages
d'eau.

L'eau saturée au degré 54 de l'aréomètre,
coupée par moitié, deux livres d'eau douce,
deux livres d'eau saturée ne devoient donner
que 27 degrés, et cependant m'en ont donné 35.

L'eau de 35 degrés coupée par moitié de la
manière ci-dessus indiquée, devoit donner $17\frac{1}{2}$,
et m'en a donné 23.

Ces deux preuves sont suffisantes pour les
salpêtriers intelligens, afin qu'ils ne se servent
plus de ce principe faux qui les empêchoit de
trouver le moment du décantage et de la
crystallisation.

Voici pourquoi ces coupages étoient faux :
c'est que les eaux nitreuses et autres eaux
salées dominent toujours sur les eaux douces.

Il seroit à souhaiter que tous les fabriquans
de la république connussent les nouveaux
aréomètres et le moyen de s'en servir.

Il seroit d'autant plus intéressant, que l'a-
réomètre dont il est ici question, et le moyen
de l'employer fussent ici à la connoissance
des bons et vrais salpêtriers, et autres amateurs,
qu'un d'eux pourroit conduire lui seul plus de
trente chaudières.

E 2

Il est bon de faire connoître à ceux qui se servent de l'aréomètre, qu'il y en a de deux façons, dont l'une est contrefaite, sans principe et conséquemment fausse, et l'autre juste, inventée par Assier Perricat, et approuvée par l'Académie des Sciences, dont il a obtenu brevet d'invention, le 7 août 1792, l'an 4 de la liberté.

On observe que par ce procédé on peut économiser beaucoup de bois et autres matières combustibles.

Nota benè. Outre l'aréomètre dont il vient d'être fait mention dans le présent mémoire, le citoyen Assier Perricat vient d'inventer un nouveau pèse-liqueur qu'on peut nommer universel, puisqu'il sert à peser tous les fluides quelconques, tandis qu'avant cette nouvelle invention, il falloit cinq instrumens différens pour parvenir à peser séparément chaque fluide.

Rapport des expériences faites, d'après la demande du cit. ASSIER PERRICAT, *avec un aréomètre auquel il donne le nom d'aréomètre universel , en sa présence et celle des commissaires nommés à cet effet, par la commission révolutionnaire des salpétres de la section de la Réunion, ainsi qu'il appert par le procès - verbal du 26 floréal, l'an II de la république française , une et indivisible.*

Description de l'appareil qui a servi aux opérations ci-après énoncées.

1°. Une chaudière ; 2°. un vase en fer blanc ; 3°. un sceau ordinaire ; 4°. un thermomètre à mercure, principe de Réaumur , le tube de pouces , divisé en degrés; 5°. un autre thermomètre aussi à mercure, principe de Réaumur , portant 105 degrés , et à tube isolé, comme un aréomètre ; 6°. un aréomètre à échelle double.

La chaudière de laquelle on tiroit l'eau de cuitte pour les expériences , contient environ 1,500 pintes. Elle contenoit de l'eau de cuitte à 10 degrés , et saturée au tiers d'alkali fixe végétal. Elle bouilloit depuis le 27 floréal, et avoit acquis 24 degrés , le 29 au matin.

Le vase en fer blanc qui recevoit l'eau de cuitte, et dans laquelle on plongeoit le thermomètre et l'aréomètre, pesoit une livre 5 onces 4 gros; il avoit 10 pouces de profondeur sur 29 lignes de diamètre; il contenoit environ trois demi-septiers.

Le sceau, à chaque expérience, étoit rempli d'eau nouvellement tirée du puits, et on y mettoit le vase de fer blanc qui contenoit l'eau de cuitte bouillante, afin de lui procurer un réfroidissement au degré juste de température.

Le thermomètre, principe de Réaumur, portant 105 degrés, servoit pour connoître la différence qu'il y avoit en degrés entre l'air atmosphérique, et l'eau de puits qui, à son sortir, étoit toujours au degré tempéré; c'est à ce degré que nous avons opéré.

L'autre thermomètre à mercure, principe de Réaumur, portant 105 degrés, à tube isolé comme un aréomètre, se plongeoit dans la chaudière d'eau de cuitte bouillante, et y restoit suspendu le tems nécessaire.

L'aréomètre étoit à échelle double; la tige qui la renfermoit avoit 5 pouces, et 4 lignes de diamètre; le balon, 9 lignes de diamètre, pris au centre; le tube d'équilibre, 2 pouces 5 lignes de longueur, et 2 lignes $\frac{1}{2}$ de diamètre; le balon à leste, 6 lignes de diamètre, pris au centre; le tout portoit 8 pouces 9 lignes; la division de l'échelle double portoit 4 pouces 9 lignes; un côté portoit une division de   degrés, principe de Beaumé; l'autre côté portoit une division de   degrés, principe du citoyen Assier Perricat.

Premier jour des expériences.

Le 29 floréal, à midi, on a mis dans la chaudière, dont l'eau de cuite étoit bouillante, le thermomètre à tube isolé; à une heure il indiquoit 85 degrés de chaleur, et l'autre thermomètre indiquoit 14 degrés de température dans l'atelier; le tems étoit pluvieux.

Le vase de fer blanc fut empli d'eau de cuitte bouillante, et l'aréomètre y fut déposé; il a indiqué, suivant le principe de Beaumé, 24 degrés et demi, et 34 suivant le principe de 101; à midi, ce vase ainsi chargé, fut mis dans un sceau d'eau de puits, et le réfroidissement d'eau de cuitte s'est annoncé être au tempéré à une heure 45 minutes.

L'aréomètre a indiqué 30 degrés, principe de Beaumé, et 43 principe de 101.

Suite des expériences, deuxième jour.

Le 30 floréal, à dix heures du matin, on a, comme la veille, mis dans la chaudière, le thermomètre; après un quart-d'heure d'exposition, il a indiqué 86 degrés de chaleur; et l'autre thermomètre indiquoit 14 degrés de température; le tems étoit comme la veille.

Le vase de fer blanc fut rempli de la même eau de cuitte bouillante, et l'aréomètre y fut déposé; il a indiqué, suivant le principe de Beaumé, 30 degrés, et 43, principe de 101.

Le réfroidissement au tempéré s'est annoncé à onze heures 50 minutes ; alors l'aréomètre a indiqué 35 degrés, principe de Beaumé, et 50 $\frac{1}{2}$, principe de 101.

Suite des expériences, troisième jour.

Le premier prairial, à onze heures du matin, le thermomètre fut plongé dans la chaudière, un quart-d'heure après il a indiqué 88 degrés de chaleur, le thermomètre indiquoit 13 degrés $\frac{1}{2}$ de température; le tems étoit beau.

Le vase de fer blanc fut empli de la même eau de cuite bouillante, l'aréomètre y déposé, a indiqué, suivant le principe de Beaumé, 37 $\frac{1}{2}$, et 54 degrés et demi, principe de 101.

Le réfroidissement s'est annoncé au tempéré, à midi 52 minutes; l'aréomètre alors a indiqué 40 degrés $\frac{1}{2}$, principe de Beaumé; et 62, principe de 101.

Nota. Il s'est trouvé à divers endroits des parois du vase de fer blanc, et au fond, un peu de salpêtre crystallisé.

Le même jour.

A une heure après midi, le thermomètre fut de nouveau exposé dans la chaudière; à une heure et un quart il a indiqué 89 degrés de chaleur; le vase fut empli de ladite eau de cuitte bouillante, l'aréomètre a indiqué

40 degrés , principe de Beaumé , et 58 $\frac{1}{2}$; principe de 101.

Le-réfroidissement s'est annoncé à deux heures 55 minutes , l'aréomètre a indiqué 45 degrés, principe de Beaumé; et 66 , principe de 101.

Ledit jour.

A trois heures 50 minutes , on a opéré comme ci-dessus ; le thermomètre a indiqué 91 degrés de chaleur ; l'aréomètre , dans l'eau de cuitte bouillante , a indiqué 43 degrés, principe de Beaumé , et 62 , $\frac{1}{2}$ principe de 101.

Le réfroidissement s'est annoncé , toujours au tempéré, à cinq heures; l'aréomètre a indiqué 48 degrés , principe de Beaumé ; et 62 $\frac{1}{2}$, principe de 101.

Nota. Il s'est crystallisé du salpêtre en proportion double , à l'expérience faite à onze heures du matin.

Ledit jour.

A cinq heures et demie , le thermomètre indiquoit 92 degrés de chaleur; l'aréomètre dans l'eau de cuitte bouillante , a indiqué 46 degrés , principe de Beaumé ; et 68 , principe de 101.

Le réfroidissement s'est annoncé , au tempéré , à sept heures 7 minutes; l'aréomètre a indiqué 51 degrés , principe de Beaumé; et 75 , principe de 101.

Le même jour, dernière expérience.

A neuf heures du soir le thermomètre indiquoit 95 degrés de chaleur ; l'aréomètre dans ladite eau de cuitte bouillante, indiquoit 50 degrés, principe de Beaumé ; et 74, principe de 101.

A 75 degrés de réfroidissement ou 20 degrés de chaleur, l'eau de cuitte commence à se crystalliser, et à devenir salpêtre.

Le réfroidissement, au tempéré, l'aréomètre a indiqué 61 degrés, principe de Beaumé, et 90, de 101 ; deux heures après la cuitte fut décantée.

Nous, d'après les expériences ci-dessus, avons reconnu que l'aréomètre du citoyen Assier Perricat, qu'on pourroit appeler *Aréomètre de cuisson et de comparaison*, réunit les propriétés suivantes ; propriétés que n'ont point les aréomètres ordinaires.

1°. Il soutient, sans se briser, le degré de chaleur d'une cuitte bouillante et très-rapprochée ;

2°. Le principe de 101 peut indiquer le degré nécessaire à une cuitte, pour en obtenir une crystallisation très-abondante (1) ;

----

(1). L'expérience et plusieurs épreuves nous portent à assurer qu'à 85 degrés de chaleur à ce même aréomètre, suivant le principe de 101, on obtient toujours une cuitte abondante en crystaux fermes et serrés pour les eaux-mères et 82 degrés pour les eaux de cuitte.

3°. Le principe de 101 , qui est celui usité par l'arsenal, étant joint à celui de Beaumé, lui est comparatif.

> J'atteste et reconnois que toutes ces expériences ayant été faites par nous, nous reconnoissons qu'elles fournissent un moyen accélératif, en ce qu'il indique précisément le moment où la cuitte peut être retirée de la chaudière, et qu'il seroit à souhaiter que toutes les fabriques de salpêtre en connussent l'usage, ce qui leur indiqueroit un point fixe d'opérer avec avantage.

> BRUYANT , *président ;* LE BLANC , *commissaire dont les fonctions sont indéterminées ;* VERNEZOBRE , *commissaire et secrétaire.*

RAPPORT.

Vous nous avez chargés, Charles et moi, de vous rendre compte, quant à ce qui concerne les aréomètres et la cuite du salpêtre, des propositions faites par Assier Perricat, dans des pétitions qu'il a adressées à la convention nationale, auxquelles se trouvent joints différens rapports et mémoires. Ces objets vous ont été renvoyés par le comité d'instruction publique.

L'auteur se propose d'économiser le tems dans l'opération que l'on appelle la cuite du salpêtre ; en évitant, au moyen d'un aréomètre qu'il nomme universel, le tâtonnement auquel on a toujours été assujetti pour déterminer le degré de rapprochement nécessaire aux liqueurs que l'on doit mettre à crystalliser. Il fait voir en même tems les erreurs dans lesquelles on est tombé, en coupant les eaux de cuite, pour diminuer leur intensité, et par-là, pouvoir être éprouvées avec l'aréomètre ordinaire, afin de déterminer plus précisément le moment où l'on peut décanter. Ses expériences lui ont prouvé que l'intensité d'une liqueur coupée, n'étoit jamais dans les rapports de l'intensité que chacune de celles qui la composent marquoit séparément.

Pour remplir cet objet d'une manière certaine, et rendre facile et invariable la méthode, au moyen de laquelle on pourra toujours assurer le succès d'une cuite de salpêtre, toutes choses étant égales d'ailleurs, il a imaginé de donner au pèse-liqueur de nouvelles proportions, et d'y adopter le thermomètre à mercure, de manière que l'un et l'autre instrumens qui, dans celui-ci, ne sont qu'un appareil, conviennent également pour indiquer le point de la cuisson. Il seroit inutile d'entrer ici dans aucune discussion ; tout le monde sait que l'on peut disposer des aréomètres suivant l'usage auquel on les destine ; que l'intensité de la chaleur dans un fluide est toujours en raison de densité de composition de fluide lui-même; qu'un instrument de verre, tel qu'un aréomètre ou un thermomètre, résistera à l'immersion, lorsque le fluide qu'il renferme ne pourra recevoir une force d'expansion qui dépasse la résistance des parois de l'instrument, etc. Il suffira donc de dire que, sans changement ni aucune altération de la liqueur à éprouver, la disposition respective des échelles dans les deux instrumens qui composent ce pèse-liqueur universel, donnera toujours, pendant l'ébullition, une correspondance exacte entre l'intensité de condensation et l'intensité de chaleur, de manière qu'il sera toujours facile de reconnoître l'état de rapprochement de fluide à décanter. Nous pensons donc, ainsi que des expériences déjà faites par les commissaires au salpêtre des sections de la Réunion et de la Halle aux bleds, semblent le prouver, que l'on peut tirer des avantages de cet instrument qui, d'ailleurs, nous paroît susceptible de recevoir de nouvelles perfections.

Le 14 brumaire, l'an 3 de la république française une et indivisible. *Signé*, LEBLANC et CHARLES.

Pour copie conforme à l'original. *Signé*, OUDRY, *secrétaire*.

Rapport fait à la société du Point central des Arts et Métiers, par la commission nommée dans la séance du 10 brumaire an 9 de la république, pour examiner les mémoires que le cit. ASSIER PERRICAT *père, ingénieur constructeur de baromètres et autres instrumens de physique en verre, se propose de livrer à l'impression, et dont il a préalablement fait hommage à ladite société.*

CITOYENS,

Vos commissaires se sont, conformément à vos intentions, rendus chez le citoyen Perricat père, ingénieur constructeur, breveté de baromètres et autres instrumens de physique, rue Saint-Antoine, au coin de celle Geoffroi-Lasnier, n°. 80, à Paris, au nombre de trois, savoir les citoyens Julien Leroy, Carnaud et Tauriac, (les deux autres ne s'y étant pas trouvés), pour y examiner, et vous faire un rapport sur les mémoires que ledit Perricat père leur a présenté.

1°. Un mémoire offert à la convention nationale en l'an 2, sur une nouvelle manière de faire du salpêtre, au moyen de laquelle on peut, dans l'espace de trois jours, en confectionner pour 542,500 kilogrammes pesant; d'après les nouveaux procédés qu'il emploie.

2°. Un autre mémoire sur la construction des baromètres de différentes formes et grandeurs, les uns à boule, les autres en spirals pour la partie qui doit contenir la liqueur : lequel fut, dans le tems, présenté à la ci-devant académie française, et honoré d'un rapport favorable par les artistes et les savans qui la composoient.

3°. Un autre mémoire présenté aussi à la convention nationale en l'an 2, sur la construction d'aréomètres, pèse-liqueurs de plusieurs espèces, de thermomètres, ou instrumens propres à connoître et calculer les différens degrés de chaleur de l'atmosphère, des hygromètres pour en calculer l'humidité ou sécheresse, des baromètres pour le beau et mauvais tems, sur les moyens de les perfectionner et les rendre comparables : enfin sur leur nouvelle division décimale dont il nous a dit être l'auteur, comparée à celle de Réaumur.

4°. Plusieurs rapports faits en son honneur, sur ces différentes parties, tant à la ci-devant académie des sciences, qu'aux autres sociétés savantes, par des hommes de génie, connus et pratiquant ces diverses sciences, aussi recommandables par leurs talens, que par leurs malheurs, et dont les noms seuls inspirent le respect, et commandent l'admiration, tels que les Lavoisier, les Leroi, les Condorcet, etc.

et qui prouvent que si l'auteur n'a pas toujours eu le mérite de l'invention, il a eu au moins celui de la perfection et de la simplification, et que ces mémoires, à quelques défauts de style et de rédaction près, annoncent dans l'auteur un homme de génie qui se plaît à créer, et qui a le mérite de joindre l'exécution à la théorie.

5°. Enfin, un précis de ces différentes instructions, délivré par vous, et muni du sceau de votre société. Savoir : 1°. Perfectionnement de l'édiomètre avec fontane, instrument de l'invention du célèbre Franklin, servant à connoître la salubrité de l'air.

2°. Nouvelle machine pour connoître l'équilibre des liqueurs. . . . . . Invention.

3°. Baromètre marin et tuastre. . . . . . Invention.

4°. Baromètre marquant haut et bas.

5°. Perfection de baromètre à surface pleine de l'invention d'Yant, de Metz.

6°. Baromètre marquant haut et bas sans cuvette.

7°. Thermomètre boule en-dehors.

8°. Baromètre dont la division placée au milieu de la colonne de mercure, et à niveau constant.

9°. Autre baromètre sensible à rouage.

10°. Baromètre pour les aérostats.

11°. Thermomètre

11°. Thermomètre de comparaison, à deux colonnes.

12°. Aréomètre universel de comparaison, au moyen duquel l'on peut, dans trois jours, confectionner pour 542,500 kilogrames de salpêtres, avec le mémoire instructif.

13°. Invention d'un nouveau principe pour rendre le baromètre comparable, au moyen duquel on peut connoître le degré de dilatation et de condensité du verre et du mercure, et un mémoire instructif, qui a obtenu les suffrages de la ci-devant académie en 1791.

Ensuite le citoyen Perricat nous a introduits dans son cabinet et son laboratoire, où il nous a montré plusieurs ouvrages de son exécution, inventés ou perfectionnés par lui, que vos commissaires ne pouvoient se lasser d'admirer, tels que baromètres de différentes formes, tant comparables que non comparables, marquant haut et bas, terminés en boule ou en spirale, thermomètres de différentes formes, tant avec boule en-dehors, qu'autrement, à division décimale et à division de Réaumur.

Aéromètres, hygromètres, pèse-liqueurs, fontaines de circulation très-compliquées, dont il nous a fait voir les jeux et expliqué la composition, ainsi que de ses différentes manières d'opérer, les réponses qu'il a faites aux questions proposées, et les explications qu'il a données à vos commissaires, les ont convaincus que, si le citoyen Perricat père n'étoit pas l'inventeur de tout ce dont il nous a rendu témoins, il avoit au moins le mérite de perfectionnement et de l'exécution de la plus grande partie, et qu'il étoit très-entendu dans ce genre, où l'expérience lui avoit servi de maître et de guide.

Il seroit à désirer, citoyens, que vos commissaires eussent été choisis parmi les artistes à qui la connoissance de ces sciences précieuses eût été familière; mais malheureusement il en étoit autrement, ils n'ont donc pu vous faire un rapport aussi brillant et aussi détaillé que l'auroit exigé un objet aussi important, et qui exigeoit des lumières scientifiques sur la chimie, la mécanique, l'hydraulique, la physique. En un mot, ils se sont contentés d'admirer, et s'en sont rapportés, pour le surplus, au jugement des savans respectables dont ils vous ont plus haut cité les noms. Ils n'ont pas non plus cru nécessaire de vous faire un rapport sur l'origine et les moralités du citoyen Perricat; puisque, depuis longtems, il est membre de votre société, et qu'il ne s'agissoit pas de le recevoir, mais seulement d'accepter l'hommage qu'il vous a fait dans votre dernière séance, ce à quoi vos commissaires ont conclu, comme ne pouvant qu'infiniment honorer la société qui a l'avantage de le compter parmi ses membres, et pour l'encourager à continuer de concourir au perfectionnement des arts et des découvertes utiles qui doivent faire l'ornement et la gloire de la République, et ont signé à Paris, le 14 brumaire, an 9 de la République.

Signé *L. M. Taurine*, *Julien Leroi* et *Carnaud*.

Fait et arrêté en séance publique le 14 brumaire, an 9 de la République. Signé *Jérôme*, président.

Pour copie conforme à l'original déposé aux archives. Signé *Normand*, archiviste.

F I N.

TABLE.

TABLE des Matières contenues dans le Mémoire sur la construction des nouveaux Baromètres.

Fin de la Table.

DE L'IMPRIMERIE DE TESTU, RUE HAUTE-FEUILLE, N°. 14.

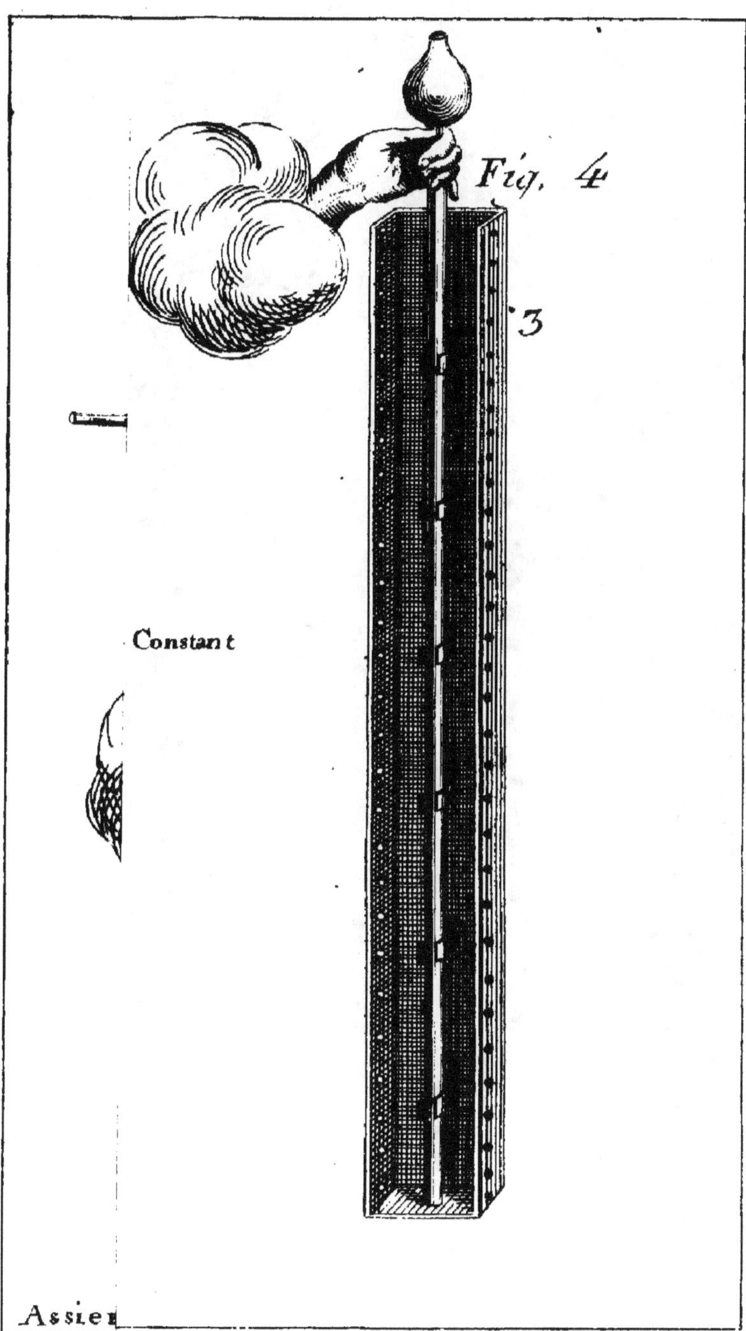

Fig. 4
Constant
Assier

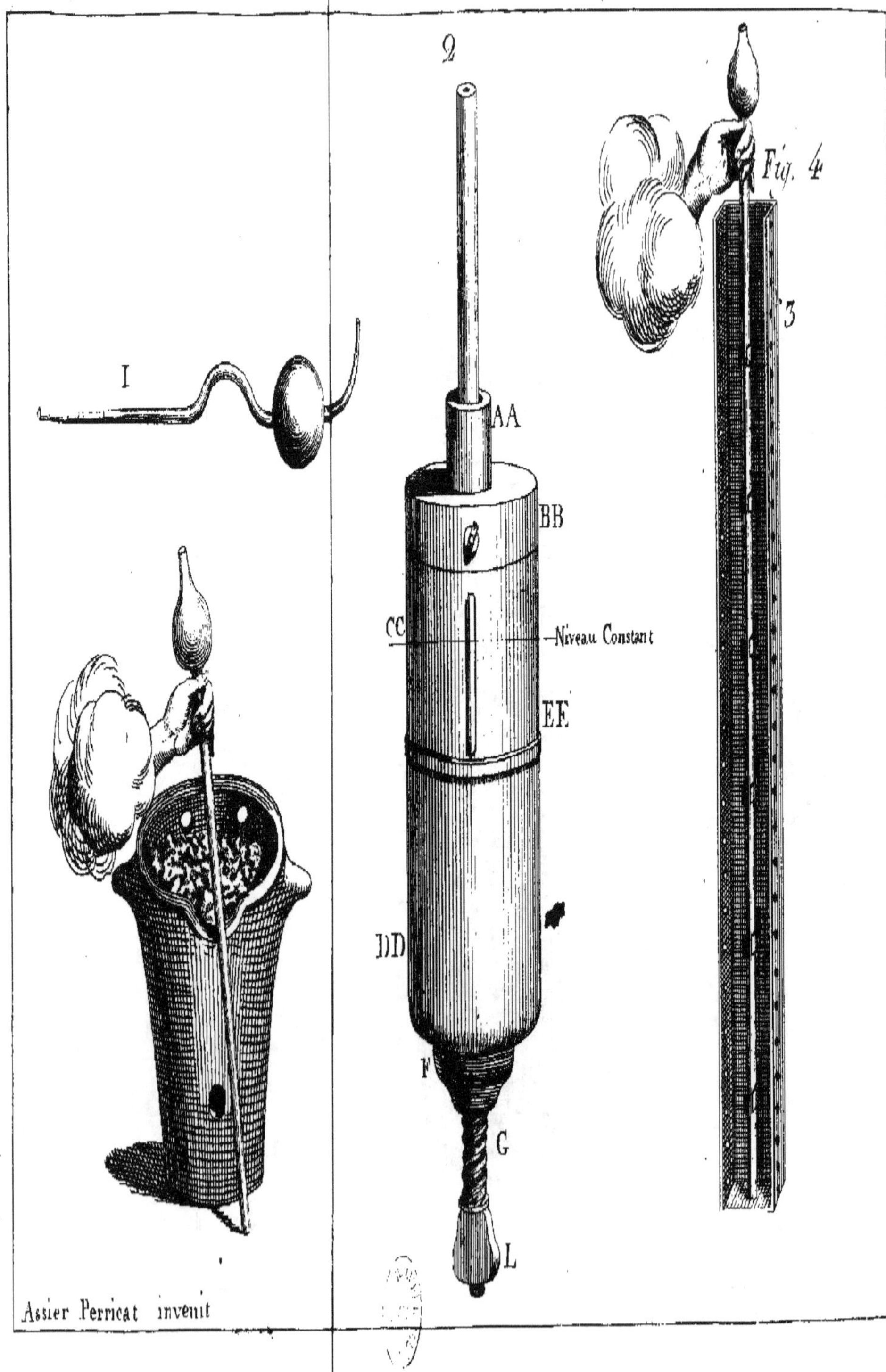
I
2
AA
BB
CC
Niveau Constant
EE
DD
F
G
L
Fig. 4
3
Assier Perricat invenit

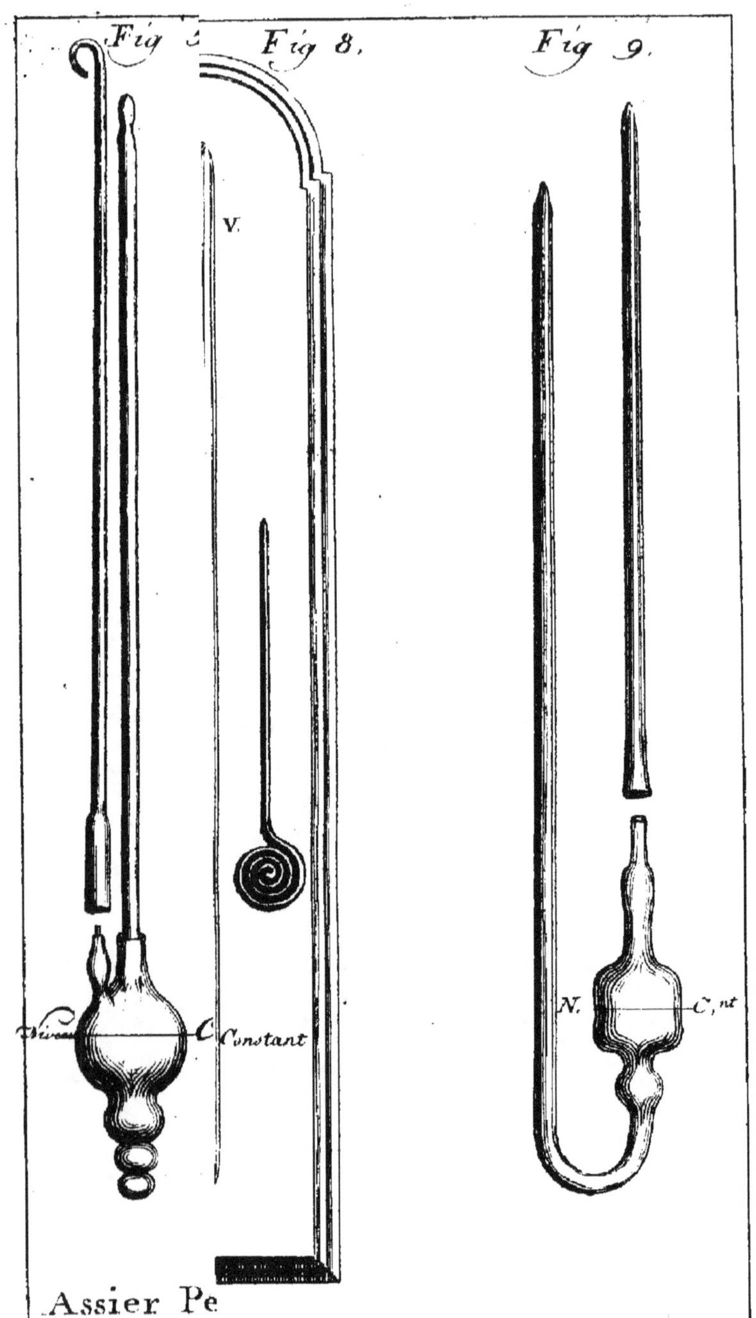

Fig 7.
Fig 8.
Fig 9.
V.
Niveau Constant
N.
Constant
Assier Pe

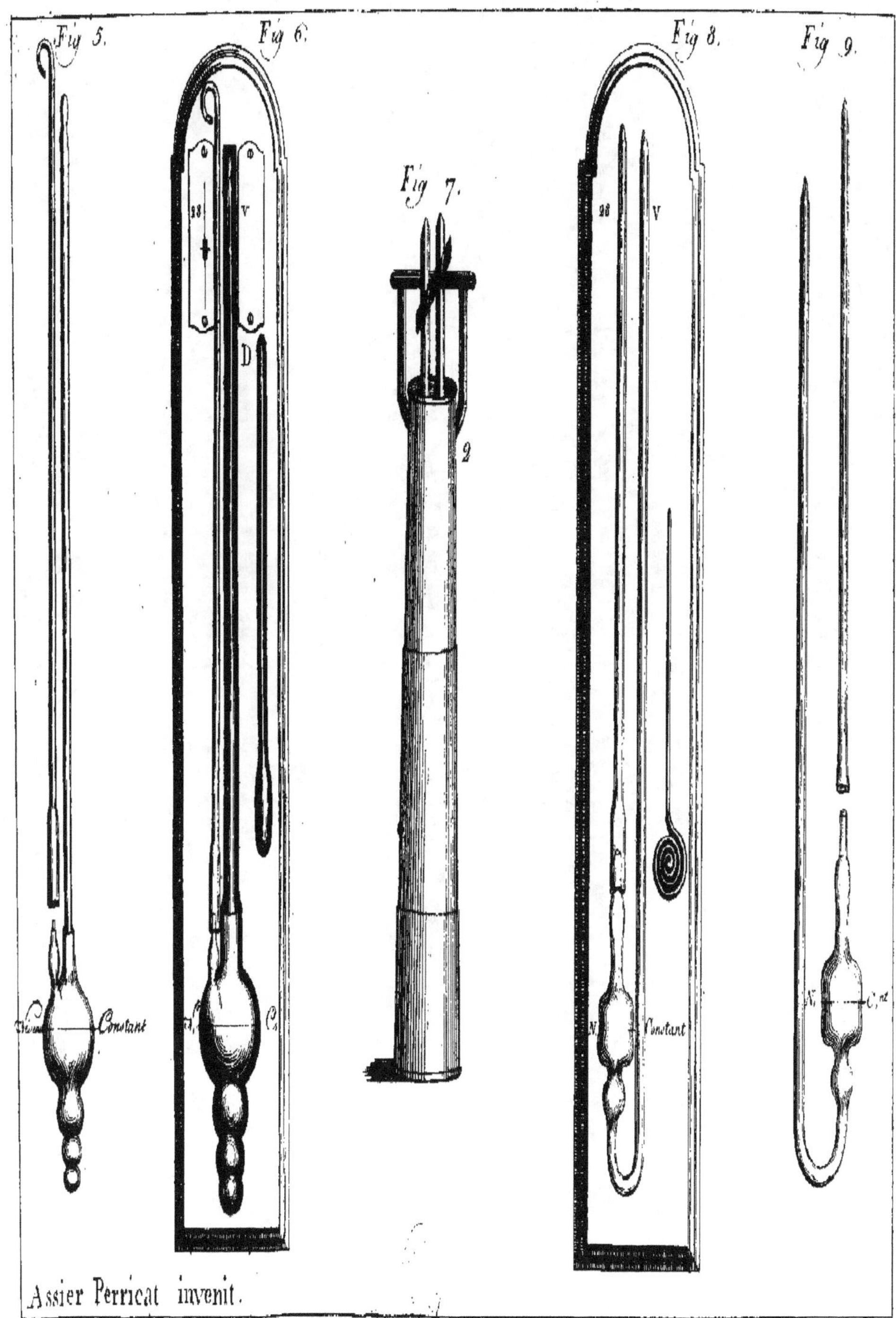

Fig. 5.
Fig. 6.
Fig. 7.
Fig. 8.
Fig. 9.
Constant
Constant
Constant
D
V
V
N
N
C
Assier Perricat invenit.

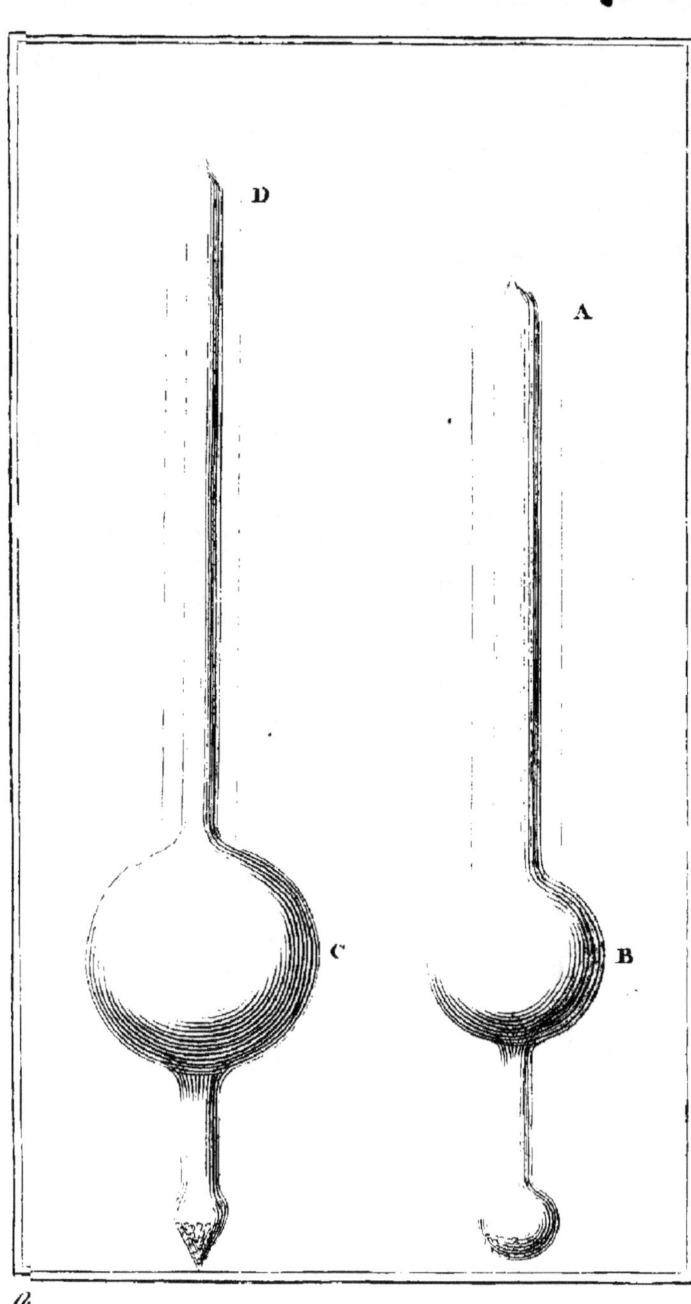

D
A
C
B

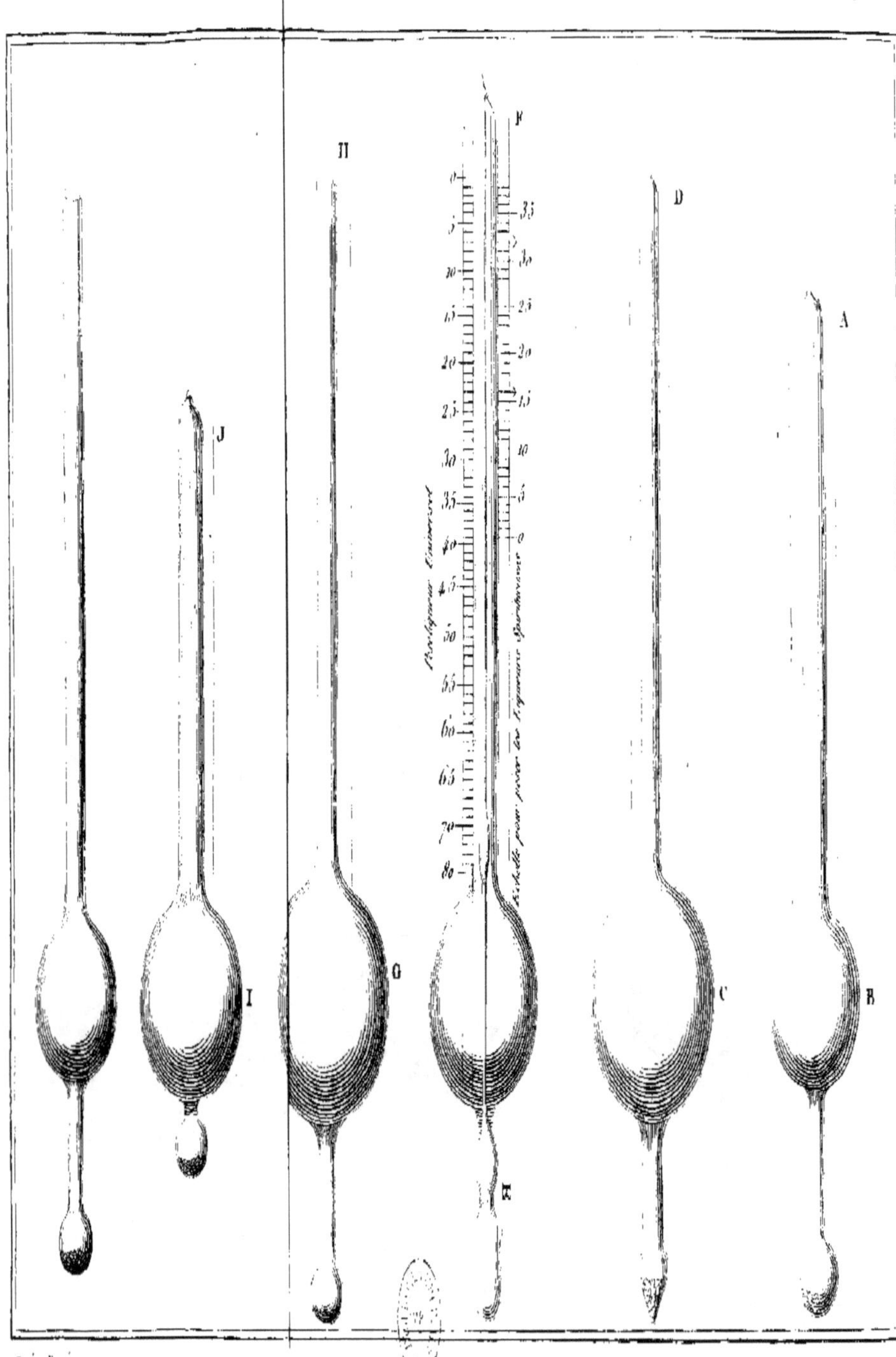

H
J
I
G
H
D
C
B
A
F
Prolongement Extérieur
Echelle pour fixer les Espaces Spiritueux
0
5
10
15
20
25
30
35
40
45
50
55
60
65
70
80
3,5
3,0
2,5
2,0
1,5
10
5
0
Asnier Perreal Inv.

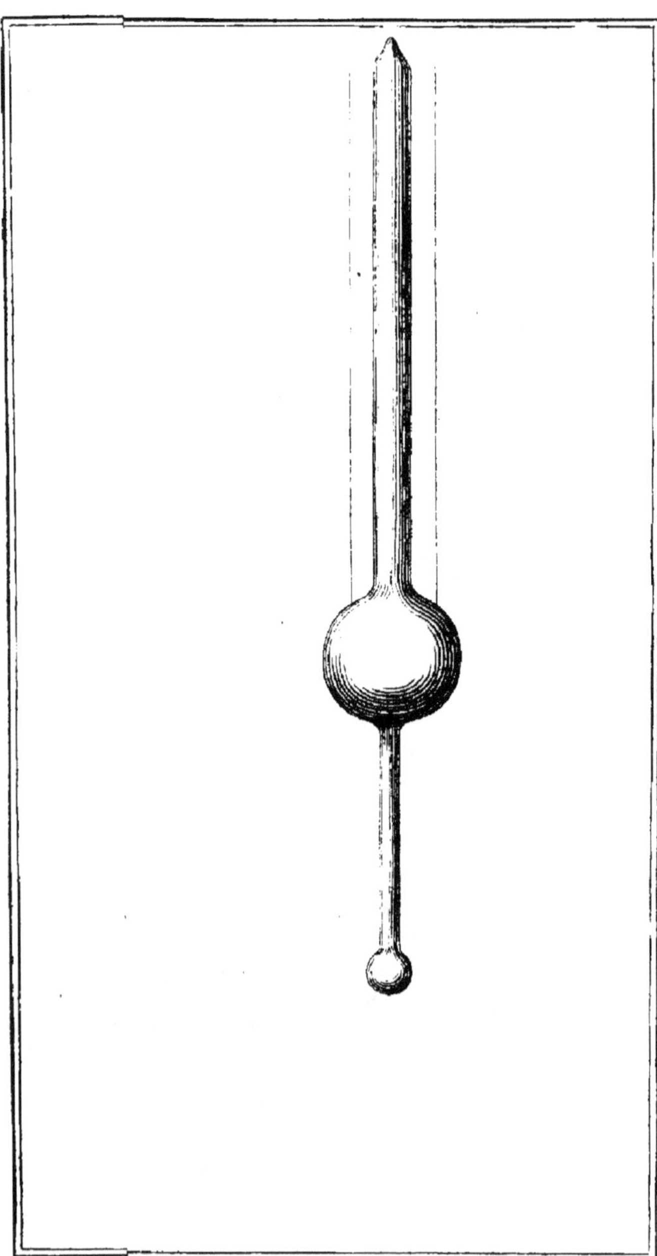

Assier Pec.

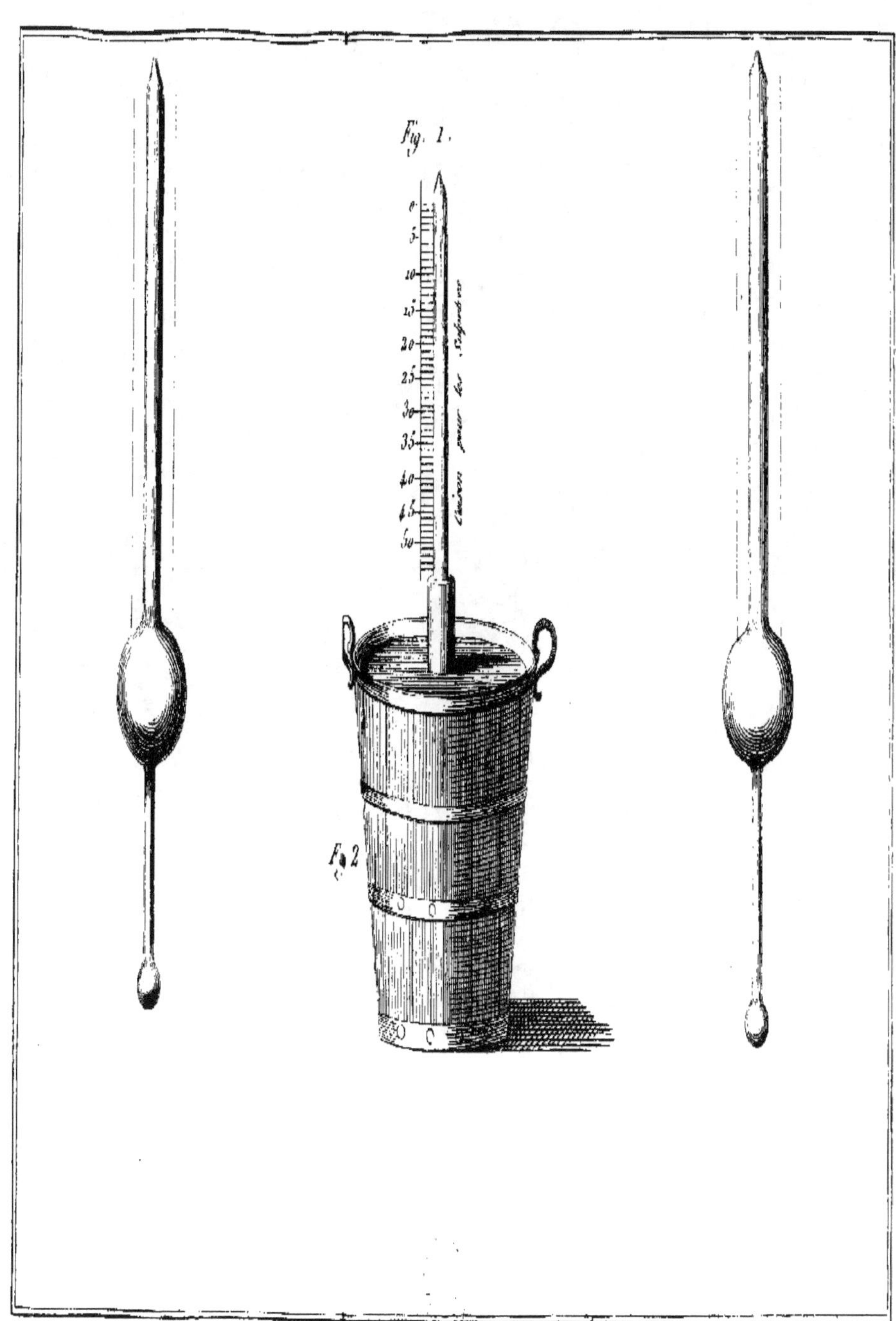
Fig. 1.
0
5
10
15
20
25
30
35
40
45
50
Cuivre pour les Supérieure
Fig. 2
Ossier Parriva inv.